JN127545

Fartology

おならのサイエンス

ステファン・ゲイツ 著　関 麻衣子 訳

柏書房

FARTOLOGY: The Extraordinary Science Behind the Humble Fart
by Stefan Gates
Copyright©2018 by Stepfan Gates
First published in the United Kingdom by Quadrille Publishing in 2018
Japanese translation rights arranged with
QUADRILLE AN IMPRINT OF HARDIE GRANT UK LTD
through Japan UNI Agency, Inc., Tokyo

目次

はじめに

5

すべてのおならには物語がある

どうも、こんにちは。本書を手に取ったあなたは、不安と期待の入り混じった気持ちでいることだろう。あなたはこれから、驚くべき発見に満ちた旅に出る。本書には人体の自然な美しさ、驚異的な複雑さ、息を呑むほどの巧妙さが描かれている。それは体内にいる何兆もの微生物が絶え間なく働く姿であり、進化によって人間が勝ち得たものだ。また、本書は食物のあらゆる面を語り尽くす。食物――それは化学、物理学、生物学の融合であり、偉大なる太陽の光を浴びて生まれたものである。光合成によって成長する植物、植物を食べて生化学によって生き、代謝によって成長する動物。それらを食す人間は、喜びや苦悩、愛、罪悪感、戸惑いを覚えながらも、五感のすべてで食物を味わう。

これほどまでに科学とは壮大なものだが、たまにはちょっと距離を置こう。なぜなら、科学はあなたのことなど屁とも思っておらず、ただそこに存在するだけだから。気を遣ってくれることもなければ、尽くしてくれることもない。科学はあなたの存在を創りだし、素っ裸で世界に放りだしただけ。とはいえ、あなたの存在は無慈悲な科学だけで語れるものではない。あなたには意志があり、理性がある。愛することも、憎むことも、信じることも、楽しむことも、そして尻からガスが出たときに恥を感じることもできる。人生とは、科学の知識と自制のきかない感情のあいだで揺れ動くことであり、それゆえにおならにはスリルがある。尻から出たガスが自然の摂理と知りながらも、〝仕方ないだろ〟と叫びたくなったり、なぜだか中指を突き立てたくなったり。それが人生なのだ。

おなら、それは人間性を声高に叫ぶ、ニオイつきの素晴らしき咆哮。あなたや私の命の力強さ、不

完全さ、複雑さ、そして自己認識を高らかに主張するもの。それは進化の過程で勝ち得たものであり、社会的な常識に抑えこまれながらも、そこから解放されたいと願っている。清らかであり汚らわしく、大胆であり不名誉なおならは、複雑な生命に満ちた地球から生まれたものなのだ。その甘美なクサさは、われわれの真の美しさを証明している。そう、人間は美しいのだ。

詩人のアンドリュー・マーヴェルはこう書いている。

われわれの持つすべての力を集めて転がし
愛しさをひとつの玉にまとめあげ
争いによって千々に引き裂かれた悦びを
鉄のような命の門から送りだそう

間違いない。この詩は、〝体の働きの集大成である、おならを愛そう〟と言っている。

おならはあくまでもおなら

ちょっと横道にそれよう。おならはあくまでもおならである。本書が学術的な医学書であれば、〝放出〟とか〝放射〟とか〝臀部〟とかいった言葉が並ぶだろう。だが、そうではない。おならとニオイと尻にまつわるポピュラー・サイエンスが本書のテーマで、誰もが自分の素晴らしい体を愛し、科学に興味を持つことをねらいとしている。ときには小難しい言葉が出てくるかもしれないが、読者からすれば、わかりやすく、かつ面白く読みたいというご要望もあろう。だから、おならはおならと書くし、尻は尻と書くし、肛門ではなくて〝ケツの穴〟と書くことも厭わないつもりだ。

とはいえ、本書はおならで笑うことを目的とした本ではない（どうしても笑ってしまうのであれば、それはそれで仕方がないが）。本書の目的は、3つの条件で読者を惹きつけることにある。

1　あなたを科学の虜《とりこ》にすること。

2　おならを我慢することの肉体的、社会的不快感をなくし、放屁の素晴らしさを伝えること。

3　あなたを笑顔にすること。

なぜ私が著者なのか？

私はおならがとても多い。今でもやっぱり少しは恥ずかしいと感じるが、その気持ちを克服したい。私は科学を心から愛していて、特に食が関わる分野に興味がある。食べることが大好きで、食と科学の分野でテレビに出演することもよくある。数人のスタッフとともに、ステージ・ショーを創りあげて世界中を回り、パフォーマンスもしている。様々な分野の科学を融合させて魅力的な舞台を演出し、賛否両論をいただいてもいる。胃カメラを飲んだり、MRIを受けたり、カプセル内視鏡にもトライした。さらには脂肪吸引をして、人間の脂肪から食品添加物に使えるものがないか調べたりもした。そんな私は自分のおならを愛しており、みなさんにも同じようにおならを愛してほしいと思っている。

注意事項

本書は決して、医学的な専門書ではない。もしあなたが大腸の不調や、過敏性腸症候群（ＩＢＳ）で苦しんでいるのなら、心からお見舞い申しあげる。と同時に、今すぐ病院へ行き、本書に書いてあることで解決しようとは絶対に思わないでいただきたい。

参考資料について

おならに関する科学的な参考資料は乏しく、このジャンルのはてしない奥深さと多種多様な研究方法を考えると、それは非常に矛盾した現実だ。すべての情報を正確に記述するため、消化器関連のリサーチを担当するスタッフを置き、共に試行錯誤を重ねながら執筆を進めてきた。ただ、おならに関して新発見をしたという人がいれば、ぜひとも知らせてほしい。

第1章
おならの化学

11

まずは基本から――おならとは何か？

人間は誰であれ、おならをする。それは消化の過程で起きる、自然で健康的な現象であり、一般的に人間は1日に平均10〜15回、量にして約1・5リットルのガスを出している。夜は回数が減るが、食事をしはじめると胃が動き出して大腸を刺激するため、回数が増える。女性のおならは男性よりも量が少ないが、ニオイはキツい傾向にある。そしておならの量もニオイも、食べる物と密接な関係がある。量が多くニオイが強いから悪いとか、量が少なくニオイもないからいい、というわけではない。

おならの約75％は、食事などの際に飲みこんだ空気が出てきたものだ。残りの25％が消化の過程で発生したガスで、そのほとんどは腸内細菌が食物繊維を分解する際に作られる。おなら生成の燃料となるのは複合糖質と呼ばれるもので、なかでもオリゴ糖（3〜15種類の単糖が結合したもの）の働きが強く、豆類、根菜類、タマネギ、キャベツやカリフラワーなどのアブラナ科の野菜、フルーツや乳製品に含まれている。ガスを発生させるプロセスは消化だけでなく発酵、代謝、腐敗などがあり、いずれも嫌気性の現象で、酸素に触れることなく行われる（腸内に存在する100兆もの細菌のほとんどは、酸素に触れると死滅してしまう）。

〝ズバリ言おう。あなたの大腸には、微小な生物が100兆も棲んでいる〟

ズバリ言おう。あなたの大腸には、微小な生物が100兆も棲んでいる。そしておならの量とニオイは個人差が非常に大きく、様々な研究によれば、1日のおならの回数は3～40回、量は400ミリリットル～2・5リットルと幅があり、ガスの種類もニオイも多種多様だ。それは大腸内の細菌の種類に個人差があるせいだ。そしてガスを生成する細菌のほとんどが、大腸内に存在している。

おならの成分の多くは、二酸化炭素、水素、窒素が占める。二酸化炭素の一部は胃液に含まれる酸や、小腸から分泌されるアルカリ性の腸液などによっても発生するが、多くは大腸内の細菌が発生させている。水素は細菌による発酵の過程で生成されるが、窒素は口から入ってきた空気がもとになっている（ちなみに酸素は胃と小腸を通過する際に吸収されてしまう）。引火性のガスであるメタンを生成する体質の人もいるが、それは腸内にメタン菌を持っている場合だ。

おならをクサくするガスは全体のわずか1％程度しか占めず、硫化水素やその他数種の成分で構成

ニオイの成分

通常のおならは窒素、二酸化炭素、水素、メタンなど、99%以上が無臭の成分でできている。クサいのは残りのわずか1%程度であり、腸内細菌や食事の内容によって、数十から数百の異なる成分で構成されている。つまり、おならのニオイは1種類の成分がもたらすのではなく、少なくとも数十、場合によっては数百どころか数千にものぼる場合もある。ちなみに、イチゴの香りに含まれる成分はせいぜい30種類と言われているが、ある研究によればココアの香りは2万もの成分で構成され、そのうち75%が新しく発見された分子だったという。

されている。

消化のプロセスは驚くほどゆっくりとしている。1回の食事の最初の部分が体内を通過し、大腸に到達する（そしてガスを生成しはじめる）だけであればそれほど時間はいらないが、食事全体を完全に消化しきるまでには大人で約50時間、子どもでも約33時間もかかる。ただし、食べたものと体の調子によって大きく幅があることを記しておきたい。食物は胃を通過するまでに4時間、小腸を通過するまでに6〜8時間（脂が多い食物だとさらに時間がかかる）かかるのだが、大腸に到達すると消化はきわめて緩慢になり、そこから約40時間もかかってしまう。消化にかかる時間は男女間で大きな差があり、男性は平均33時間、女性は平均47時間という調査結果もある。

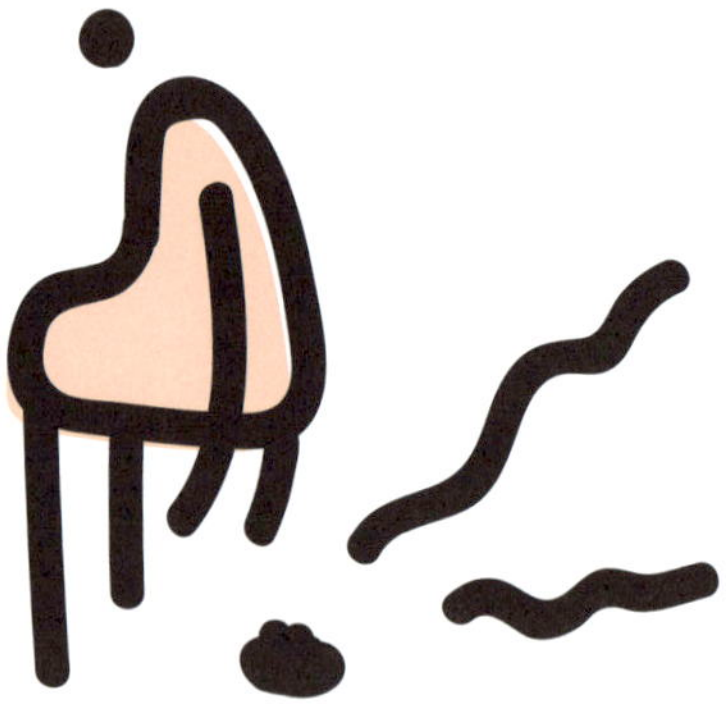

おならは、うんこのガス版なのだろうか？

誰もが一度は疑問に思ったことがあるだろう。誰かのおならのニオイを嗅ぐってことは、うんこを吸わされてるってこと？　そうだとすれば、トイレへ行って吐いたほうがいい？　答えは〝ノー〟だ。

まあ、完全に否定はできないかもしれない。いずれにせよ、まずは〝うんこが何か〟を知ろうではないか。

うんこ

うんこ（正式に言うなら〝大便〟）はとても魅力的な存在で、〝排泄物〟なんて言葉ではあらわしきれないほどだ。うんこは千差万別ではあるが、一般的に重さは１００〜２２５g、水分が75％、残りの25％が固形物でできている。食物繊維とたっぷりの細菌（生きていたり死んでいたり）が含まれ、その他にも多くの成分が含まれる（くわしくは72頁を参照）。

そんなうんこと比べて、おならは完全なガスだ。窒素、水素、二酸化炭素、メタンが主で、そこに香りづけ程度の揮発性ガスが加わる。硫化水素、メタンチオール、インドール、スカトール、硫化ジメチル。この分析結果から考えても、うんことおならは完全に別物と考えるべきだろう。

先ほどの〝おならは、うんこのガス版なのだろうか？〟という疑問に戻ろう。細菌は非常に小さな生物で（0・5〜5マイクロメートル。ちなみにウィルスはもっと小さい）、中にはおならが肛門から出た際に、空中に放出される細菌もあるかもしれない。空中でも生きられる細菌には結核菌などがあり、場合によっては数時間も生存することが可能だ（とはいえ、結核菌は患者のくしゃみ、咳、会話などで空中に飛散するもので、おならで飛散することはない）。通常なら空中に放出された細菌のほとんどは、乾燥や紫外線によって死滅してしまうが、誰かのお

ならから細菌を吸いこむ可能性は、ゼロとは言いきれない。

もちろん、他人のおならのガスは吸いこむことになるわけだが、そこに固形物は含まれていない。しかしながら（ここ重要）、ガスを吸いこむと額の奥にある嗅球内の細胞が刺激を受けるので、誰かのおならに含まれる分子が一時的に体内に取りこまれるのは事実だ。まあ、一瞬のことだから大丈夫。

実証した例はあるのか

実は、貴重な実験結果がある。オーストラリアのキャンベラ・タイムズ紙の記事になり、ブリティッシュ・メディカル・ジャーナル誌でも取りあげられた実験だ。ドクター・カール・クルゼルニキーは、ある看護師から手術室でおならをしてもいいのかという質問を受けた。そこでドクターは、微生物学者を呼び、同僚の尻から5㎝の距離にペトリ皿を置き、2度おならをしてもらった。1度は服を着たまま、もう1度は尻を出して。そして翌日にペトリ皿を確認したところ、服越しにおならをした方は何もなかったのに対し、尻を出しておならをした方には、2つの（無害な）細菌のコロニーができていた。いずれも腸内や皮膚にしか存在しない細菌だった。

さて、おならはうんことは完全な別物であることがわかった。だが、理論上はおならもわずかな細菌を含んでいる可能性がある。それを通さないためのフィルターとして、衣服が有効であるようだ。この実験結果から言えることは？　生の尻から放出されるおならが5㎝以内にある場合は、少々近すぎるということだ。

18

おならはなぜニオうのか

われわれは誰もが、自分のおならのニオイを愛している（そう、隠さなくてもいい）。特に狭い空間にいるときや、布団のなかでダッチオーブン[注1]を楽しんでいるとき。それにしても、ニオイはどこから来るのか？

働き者の細菌は、大腸に到達した食物の消化を必死に促す。そこで揮発性のガスが発生し、おならのニオイの旅が始まるわけだ。これは代謝と呼ばれる驚くべきプロセスで、物質を分解する〝異化作用〟、物質を合成する〝同化作用〟の2つがあり、そこで多くのガスが生成される。

注1　英語圏で〝ダッチオーブン〟と言う場合、調理器具のことを指すのではなく、布団の中でおならをすることを指す。友達やパートナーとこれを楽しむのは面白いものだが、危険でもある。エセル・マーマンとアーネスト・ボーグナインというセレブ同士の結婚生活が、わずか1カ月しか続かなかった原因とも言われている。

おならのガスの大部分（窒素、酸素、二酸化炭素、メタン）は無臭であるが、ほんの微量ながらニオイのついたガスも生成されるという点が興味深い。こうしたガスの驚くべきところは、鼻が曲がるほどクサいだけではなく、揮発して霧のように散らばり[注2]、ふわふわと空気中を漂い、われわれの鼻に入りこんでくるという点だ。

どんなおならも異なる成分でできている。それは食物、特にたんぱく質を多く含む肉類、ナッツ類、

豆類を分解する際の副産物なのだ。もっともクサいおならはアミノ酸（たんぱく質の構成成分）の分解の際に発生するもので、燃料となるのは豆類、チーズ、肉類などだ。こうしたものは、おならの量はそれほど増やさないが、ニオイをキツくする。

注2　このあたりの仕組みを素人に説明してくれる科学者はいない。まあ、常識と言われればそうかもしれないし、わからないなどと言ったら、彼らは烈火のごとく怒り出すだろう。だから、私が説明しよう。物質の状態は次のように分けられる。１・固体、２・液体、３・気体、４・プラズマ。しかし水は沸点に達しなくとも気化することがある。たとえば濡れたタオルを陽に当てておくと、水の分子はゆっくりと蒸発していき、タオルはやがて乾いていく。水分子は熱運動を持つことで互いに衝突しあうのだが、その力がタオルから離れるほど強かったとき、沸点の１００度より低くても気化し、蒸発するのだ。いわゆるブラウン運動と同様にランダムな動きで、分子の数は１兆以上という大規模な単位で起きるために、広く知られる現象となった。物質が常温で気化することを〝揮発性〟であると表現し、気化した物質は元の物質を離れ、空中を漂っていく。

おならのニオイ、ワースト・ランキング

1.	硫化水素	＝	腐ったタマゴ
2.	メタンチオール	＝	傷んだキャベツ
3.	トリメチルアミン	＝	魚
4.	メチルチオブチレート	＝	チーズ
5.	スカトール	＝	猫の糞
6.	インドール	＝	犬の糞＋花の香り
7.	硫化ジメチル	＝	キャベツ
8.	チオール	＝	タマゴ

尻から鼻へ到達するまでのおならの旅は至ってシンプルだ。おならをすると、揮発性のガスが空中に撒き散らされ、ブラウン運動によって散っていく（われわれの周りには見えない分子が無数にあり、それらは常に動きまわりながら互いに衝突しあい、ランダムな動きで元の物質から広がっていく）。その現象が莫大なスケールで起きるために、ガスはまんべんなく空気中に漂っていき、尻から鼻へ、鼻からさらに奥へと届いていく。

次に出てくるのが嗅覚だ。息を吸いこむと、ニオイのついたガスが飛びこんできて鼻腔を満たし、嗅球（額の奥、脳のすぐ下にある）に接している嗅上皮の粘膜に到達する。分子の一部は粘液に溶けて流れ、10分程度で新たな粘

液と入れ替わる。溶けたニオイの分子は嗅覚受容体（ニオイ物質を感知する役割がある）に届き、嗅細胞が電気信号を発生させ、小さな電気ケーブルを伝うようにそれが運ばれていき、信号を脳が受けとった時点で、おならのニオイを感じるという現象が起きる。

ただ、この現象には謎がある。ニオイ分子がどのように嗅覚受容体と反応しあい、ニオイを識別するのかはわかっていない。かつては〝鍵と鍵穴〟のような仕組みだと思われていた。ニオイ分子が鍵となり、鍵穴となる受容体に組みあわさるという考えだ。ただ、ニオイの成分は１兆もの種類があると言われ、これをすべて嗅ぎわけるには１兆の受容体が必要となってくるため、現実的ではない。実際、人間の持つ嗅覚受容体は約４００種程度と言われている。われわれの目がわずか４種の光受容細胞であらゆる色を識別していることを考えると、嗅覚の繊細さには驚かずにはいられない。

実用的なアドバイス

私はよく、真夜中におならを放出する必要に迫られることがあるのだが、そのニオイが香水のように芳しいものか、鼻が曲がるほど悲劇的にクサいものかは出してみないとわからない。安眠を重視している妻に敬意を払い、私は尻に両手をあてがってガスを受けとめ、妻の繊細な鼻（冗談でなく、妻は嗅覚がやたらと鋭い）を守り、自分の鼻へと両手を持っていく。えっ、夫婦なら分かち合うべきだって？　冗談じゃない。

スカトール （3-メチルインドール） **(C_9H_9N)**	猫の糞、石油、家庭用ガス臭 7/10	第二次世界大戦中、米軍が非殺傷兵器として使用していたという説がある。食物を消化する際、アミノ酸の一種トリプトファンから生成される。肉、卵白、大豆などから作られる。
インドール **(C_8H_7N)**	犬の糞、新品のゴム製サッカーボール、一般的な動物臭、オレンジの花 7/10	スカトールと同様、アミノ酸の一種トリプトファンから生成される。香水の原料として使われることが多く、合成ジャスミン油に含まれている。

ニオイの種類

おならのガス （または、香りつきの気体）	ニオイの種類、度数 （10段階でつけてある）	備考
硫化水素 **(H_2S)**	腐ったタマゴ 9/10	濃度が高いと非常に毒性が強く、引火、腐食、爆発の危険性がある。様々な食物繊維や、オボアルブミンを豊富に含む卵白などが分解され、水素と反応すると、硫化水素が生成される。 このガスを生成できるのは、腸内に硫酸還元菌を持つ人々だけであり、全体の約50%と言われている。
硫化ジメチル **(CH_3SCH_3)**	焼いた豆、キャベツ、トウモロコシ、腐った肉など様々 7/10	食品香料として使われる一方、石油の精製や製紙工場などで悪臭物質として発生している。
メタンチオール （メチルメルカプタン） **(CH_3SH)**	傷んだキャベツ、スカンクの屁、かすかなニンニク臭 7/10	メタンなどの家庭で使用される無臭のガスに、ニオイをつけるために用いられる（硫化ジメチルも同様）。非常に強力なニオイで、1億倍に薄めても嗅ぐことができる。
トリメチルアミン **(C_3H_9N)**	腐った魚、石油、アンモニア、家庭用ガス臭 8/10	海産加工物に魚介類らしい香りをつける香料として使われる。
メチルチオブチレート **($C_5H_{10}OS$)**	チーズ、タマゴ、硫黄 7/10	イチゴの香りに含まれる成分。チーズ、トマト、フルーツ系の香料として使われる。

男性と女性のおならの違いは？

素晴らしい研究結果が専門誌『Ｇｕｔ』（１９９８年発行、第43号、１００〜１０４頁）に発表されている。これによれば、女性のおならは男性のものよりずっとクサいということだ（ショックを受けた方がいれば、今のうちに謝っておく）。単にニオイが強いだけでなく、ガスの濃度が非常に高いらしい。女性のおならに含まれる硫化水素は、男性と比較すると濃度にして２００％以上高く、量も90％多く、同時にメタンチオールは濃度が20％高いという。２名の経験豊富なおなら審判（という職業がある）によれば、女性のおならの方が明らかに男性のものより強烈だということだ。もちろん、これは16人の被験者から得たわずかなデータによる研究結果である。それにしても、２００％とは。すごいぞ、女子！

ただし、おならの量に関してはまた話は別だ。この独特な研究によれば、男性のおならの量（平均１１９㎖）は女性のおならの量（平均88㎖）を上回り、さらに回数に至っては52対35と、圧倒的に男性が優位に立っている。やるじゃないか、男子！

ところがＪ・トムリン、Ｃ・ルイス、Ｎ・Ｗ・リードによる『健康なボランティアによる腸内ガス生産に関する調査』という記事によれば、〝男性と女性

女性のおならは男性のおならより
引火しやすい……かも

の放屁量に差はない〟ということだ。おやおや。この分野については、さらなる研究が必要なようだ。よし、みんなでおならノーベル賞を目指そうではないか。

女性のおならは男性のおならより引火性が高く、それはメタンを生成する菌の割合が女性のほうが多いからだと言えよう。メタンの量が際立って多い女性は全体の60％だが、男性は40％にとどまる。これは女性の出すガスの全体量が少ないことにも関係している。メタン生成菌は働く際に、水素を大量に消費してしまうのだ。また、女性がホルモン補充療法（HRT）などの治療を受けている場合、黄体ホルモン剤の影響で腸内での食物の消化がゆっくりになり、ガスをたくさん発生させてしまう。

26

おならを瓶に入れることはできるのか？

おならを瓶に入れてどうするのかって？　まずは想像してほしい。もし、ナショナル・オナラ・バンクなるものがあったら。地下にはハイテクを駆使した巨大な貯蔵庫があり、核爆発にも耐えうる頑丈な構造で、超低温保存された歴史上のおならを守っているのだ。例えるなら、ミレニアム・シード・バンク——野生植物の絶滅を回避するために種子を保存する施設——のようなものだと思ってくれたらいい。まあ、おならは根を張ったり実をつけたりはしないけれど。もしも歴史上の偉人のおならが後世の人々に残されていたら、世界はとても豊かになるはずだ（もちろん凡人や悪人のものでもいいが）。世界史の〝修道院解散〟について暗記するよりも、生徒たちはヘンリー8世や王妃のおならを嗅いだ方が、歴史を身近に感じられるのではないか。ジュリアス・シーザーのおならは猫の糞、クレオパトラのおならは雨に濡れた春の路面、ダ・ヴィンチのおならはオレガノなど、ニオイを想像してみるのも楽しい。誰のおならを嗅いでみようか。ポカホンタス？　チンギス・ハーン？　イエス・キリスト？

ニオイを長期間保存するには課題が残るものの、まずは自分のおならを集めることからはじめてみよう。方法はいたって簡単で、アルキメデスの原理を利用するだけだ。必要なものは、おならを出したくなったあなた自身と、浴槽、そして蓋のきちんと閉まるジャム瓶のみ。まず、浴槽に湯を張り（泡の出る入浴剤は避けること）、服を一枚残らず脱いで、瓶を持って湯に浸かる。あおむけに横たわり、瓶の蓋を取って浴槽に沈め、空気をすべて出して湯で満たす。瓶を沈めたまま、口を下に向け、ちょうど股間の上あたりに来るように持つ。そしてその姿勢のまま、出せる限りのガスを出すのだ。目的はおならの収集なのだから、遠慮せず、思いっきり出すといい。ポコポコと出てきたおならの泡は、押しのけている水の重さと同量の上向きの浮力を受ける。つまり、気体は水を押し下げて上に行くため、瓶の中にとどまるのだ。ここで瓶の蓋をしっかりと閉め、引っくりかえす。すると水は瓶の底に溜まり、おならが上に来る。これで完成だ。18世紀には、この方法が〝水の下方移動によるガスの収集〟としてよく使われていた。集めたおならを分析する際は、瓶を水の中に沈め、逆さまにして蓋を外し、注射器などで吸い取るといいだろう。

28

おならのニオイはどれくらい持続するのか?

さて、おなら収集の実務はマスターしたが、ナショナル・オナラ・バンク設立を目指す先には暗雲が立ちこめている。おならの寿命が問題なのだ。はたして、おならはどれくらい〝持つ〟のだろうか。この点について、まずいベジタリアン・ミールを食べながら、化学者のアンドレア・セッラ教授と議論してみた。ユニバーシティ・カレッジ・ロンドンで教鞭を執るセッラ氏は、型破りな講義と安全面を無視した実験を行うことで有名だ。私は彼が大好きで、きっと読者のみなさんも会ったら魅了されると思う。

瓶におならを閉じこめたあと、ニオイの保存に関して問題が浮上してくる。ニオイは揮発性の分子から成ることを覚えているだろうか。そして一部のニオイは化学反応を起こしやすい。まわりにある分子と反応してしまったら、まったく異なる物質に変化し、ニオイが変わったり、あるいは完全に無臭になったりしてしまう可能性もある。たとえば硫化水素が他のおならの成分や空気中の成分と化学反応を起こして、まったく別の物質になってしまうこともありうるのだ。

おならのニオイに忍び寄る脅威は、以下の通り。

29

1　おならに含まれる（あるいは瓶の中にある）水蒸気と反応したり、ニオイの成分が水に溶けたりしてしまう。

2　酸化（酸素と反応すること、または電子を失うこと）してしまう。特に紫外線にさらされると、有機分子が酸化してしまい、おならに含まれる貴重な成分が変質してしまう。

3　おならに含まれるガスの成分と反応してしまう。

4　容器の素材と反応してしまう。ガラスは反応しにくいので問題ないが、金属やプラスチックの蓋は問題かもしれない。

ある老夫婦が日曜日に教会の礼拝に参加していた。

妻が夫に向かって、「たった今、やたらと長い〝すかしっ屁〟をしてしまったわ。どうしましょう」と言った。

夫は妻を見すえて言った。

「おまえの補聴器は電池切れのようだな」

今を生きるわれわれは、今のおならを嗅ぐべきだ。さあ、おならをつかまえよう！

そんなわけで、ナショナル・オナラ・バンク計画は前途多難なようであるが、ガスを超低温で保存するというのはどうだろう。液体窒素を使えばマイナス196℃、液体水素ならマイナス253℃という低温なので、さすがに化学反応は起きにくく、ニオイを保存できる可能性がある。よし、これだ！ ナショナル・オナラ・ラボを設立しよう。急がなくては。ベジタリアン・ミールの効果で、貴重なガスが早くも尻に……

動物はおならをするのか？

ダニ・ラバイオッティとニック・カルーソは素晴らしい生態学者だ。二人は共同で、現代の大いなる疑問に挑むことにした。二人の著書である『これっておならするの？（Does It Fart？）』（クエルクス・ブックス社、2018年）は、ツイッターのつぶやきがきっかけとなり、世界中の動物学者の知恵を結集した書籍だ。二人に打診してみたところ、この素晴らしい書籍の内容を、ここで少しばかり紹介しても構わないとのことだった。なんともありがたい。お礼として、読者のみなさんが二人の著書を必ず購入すると約束してある。どうぞよろしく。

動物	おならする?	備考
ニシン	する	空気を飲みこみ、おならをすることで仲間とコミュニケーションを取る。
ヤギ	する	2015年、2000頭のヤギを乗せた飛行機が、おならによるガスの大量発生のため、緊急着陸を余儀なくされた。
牛	する	おならはするが、げっぷで出すガスの方が多い。農畜産業から放出される温室効果ガスの1/3は牛から出ていると言われ、1日に出すガスは一頭あたり約600リットル、メタンは250リットルにも及ぶ。いやはや、ものすごい量だ。
カンガルー	する	牛よりガスの量は少ないが、馬と同じくらい出す。
カツオノエボシ	しない	肛門を持たない。消化酵素で獲物を溶かして食べる。
クモ	不明	ほとんどのクモは毒を含む消化液を使い、〝体外消化〟を行っている。
ゾウ	する	非常に消化管が長大で、樹皮などの硬い食物を消化できるようになっている。
鳥類	しない	ガスを発生させる細菌を持たず、消化のプロセスが非常に速い。
シロアリ	する	非常に小さな生物ではあるが、おびただしい数が生息しているため、地球上のメタンの排出量の5~19%を占めている。
金魚	しない	腸内にガスを発生させる細菌を持ってはいるが、げっぷとして出す。
ワラジムシ	ある意味する	ワラジムシは窒素性の廃棄物をアンモニアに変え、ガスとして排出する。たいていは数分間だが、ときに1時間以上排出し続けることもある。

34 ニオイ爆弾の作り方

〝ニオイ爆弾キット〟は、かつてイギリスの子どもたちに人気が高かったものだが、近年は危険性のある薬品に子供を触れさせないようにする傾向がある。時代の流れだろう。

ニオイ爆弾を作る方法はたくさんあり、単純なものから危険性の高いものまで様々だ。これから紹介するのはその中間にあたる方法で、マッチとアンモニアを使用する。いずれも有害な物質なので注意してほしい。16歳未満であれば大人と一緒に作業し、大人であれば16歳未満の子どもをしっかりと監督するように。ニオイ爆弾は数日間熟成させる必要があるが、その間は幼児やペット、何も知らない大人などの手が届かない所に保管すること。

どんな化学反応が起きるのか？

マッチの頭に含まれる硫黄と掃除用のアンモニアを混ぜることで、硫化アンモニウムを生成する。ニオイは腐ったタマゴ。化学反応は次の通り。

$$H_2S + 2NH_3 \rightarrow (NH_4)_2S$$

35

材料

- マッチ一箱
- 掃除用アンモニア水
- プラスチック・ボトル（500㎖）
- ワイヤーカッター、またはペンチ、または大型のハサミ

作り方

1 ワイヤーカッター（またはその代用品）を使ってマッチの頭をすべて切り落とし、空のボトルに入れる。

2 30㎖のアンモニア水を入れる。

3 ボトルを手で押してへこませてから、蓋をしっかりと閉める（こうすることで、発生したガスでボトルが破裂せずにすむ）。

4 蓋をテープなどで密封し、優しく振って中身を混ぜる。

5 安全で静かな場所に3～5日間保管し、反応を待つ。

6 ボトルの蓋を開け、必ず屋外で友達に嗅がせること。絶対に服やカーペットにつけたりしないように。

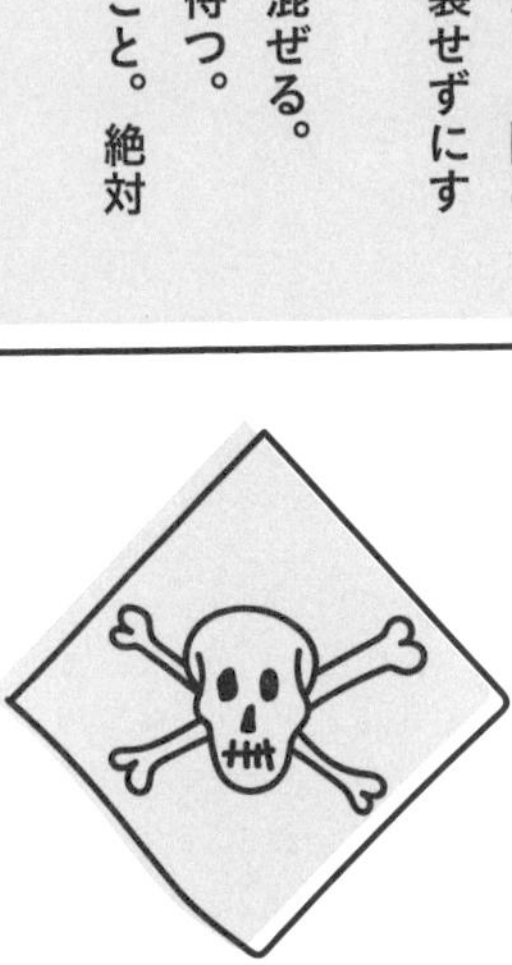

警告

1 アンモニアは劇物のため、取り扱いに注意すること。

2 硫化アンモニウムは引火性で、濃度が高くなると毒性がある。

3 ボトルにははっきりと〝危険物〟と書き、誤飲や誤用を避けること。

4 できあがったものは決して飲んだり、撒いたり、こぼしたりしないこと。大変なことになる。

第2章
おならの生物学

食物がおならになるまでの旅

すべてのはじまりは太陽だ。熱く燃えたぎり、黄色く輝くこの天体は、地球の33万倍もの質量を持ち、主に水素（約73％）とヘリウム（約25％）から成り、約46億年前に誕生した。太陽は核融合反応（4つの水素の原子核が融合し、1つのヘリウムの原子核となる）によってエネルギーを生み出しており、その副産物の1つが光だ。太陽が発する電磁波に含まれる光子は、ほんのわずかしか地球に届かない。しかしそれは、地球の生態系を保つのに適した完璧な量なのだ。

核融合反応がもたらす奇跡

光が地球に届くと、その一部は葉緑素を持つ植物が受け取り、すべての生物に恩恵をもたらす奇跡のプロセス[注1]、光合成が行われる。光合成——これは本当に驚くべきものだ。光のエネルギーを使って水と二酸化炭素を炭水化物に合成し、植物（人間が食物とする植物も含め）のなかに貯蔵し、酸素を排出している。酸素とは、今この瞬間にも私たちが吸っているこの酸素のことだ。

注1　念のため言っておくが、奇跡ではなく、科学的に証明されている事実だ。つい興奮して書いてしまったけど、あしからず。

光合成は目に見えないものなので、それが起きていると信じてもらうしかない。ただ、どうしても見たいのであれば、とっておきの方法があるので試してほしい。まず、ペットショップで観賞魚用の藻を買ってくる。おすすめはカナダモ（学名：Elodea canadensis）だ。藻の先端を刃の鋭いハサミで1㎝ほどカットし、水に沈める（大きめのクリップなどを重しにするとよい）。そして、それを光に当てる。しばらくすると、藻の切り口から小さな泡が出てくる。それが酸素だ。

光合成をもっと深く知ろう

$$6CO_2 + 6H_2O = C_6H_{12}O_6 + 6O_2$$

さらに掘りさげて学んでみよう。一見、光合成はシンプルな反応のように思える。植物が光エネルギーを使い、二酸化炭素（CO_2）の分子6個と水（H_2O）の分子6個をつなげ、$C_6H_{12}O_6$（ショ糖）を合成する。だが、実際はもっと複雑な過程を経ている。まず、光エネルギーを吸収する分子であるクロロフィルから電子が飛びだし、そのエネルギーで水が分解される。そこから滝が流れるように次々と化学反応が起き、電子が運ばれていき、やがてアデノシン三リン酸（ATP）が合成され、様々な活動の化学的エネルギー源として使われる。このATPは次のステップの化学反応でも役立ち、最終的に二酸化炭素から炭水化物が合成されていく。

地球上で起きているすべての光合成をエネルギーに換算するという試みがあり、その結果は130テラワットだったという。どれくらいかピンと来ないかもしれないが、地球に降り注ぐ太陽光の総エネルギーと比較すると、わずか0・1％だという。ちなみに人類が消費するエネルギーは、一説によれば14テラワットだとか。

えっ、動画を見せろって？　仕方ない、それじゃYouTubeの〈Gastronaut TV〉チャンネルをどうぞ。

何が食物で、何が食物ではないのか

驚くかもしれないが、消化管を通れるものであれば、どんなものでも食物になる。パンであろうと、木であろうと、草、ガム、はたまた金属片でも。なんの栄養も摂れないようなガムや金属片でも、それは不溶性繊維となって腸内を掃除する役割をはたすし、小腸で消化できなくても大腸で消化できるものは（木や草など）、水溶性繊維であるということだ。この2つ以外のものは栄養素となり、なんらかの形で消化されて体の役に立っている。

消化はどのように行われるのか

目の前に美味しそうな食事があるとしよう。自分で料理したものかもしれない。さて、消化の時間だ。食事を完全に消化するには、なんと50時間（子どもなら33時間）もかかり、そのうち約40時間は大腸での消化に使われる。さて、消化の旅のはじまり、はじまり。

消化ステージ１：咀嚼《そしゃく》——物理的に細かくする

人間の臼歯は最大１２０kgもの力で食物を噛みくだく。この機械的な動作によって食物を細かくし、すりつぶすことがもっとも大事なプロセスだと思われがちだが、実はそうではない。ここでは食物の表面積を増やし、次の消化の段階に備えて準備をしているにすぎない。とは言っても、食べることの一番の喜びは、口のなかで食物の感触を楽しみ、味わうことであり、栄養素を取りこむことではない。噛むたびに食物の味と香りが化学受容器を刺激し、歯ごたえや舌触りが機械受容器を刺激する。また、温かさや冷たさは温度受容器を通じて、噛むときの音（特に歯ごたえのあるもの）は繊細な聴覚器を通じて感じとっている。ただ、こうした感覚を得ても栄養素は何も吸収できず、単に食を楽しむ意欲が増すだけである。

また、興味深いことに、食べはじめると神経が刺激を受け、大腸に指令が届いてトイレに行きたくなる。今食べているものが大腸に届くのはずっと先のことなので、妙だと思うかもしれないが、次の食物のために場所を空けているということだろう。

消化ステージ２：唾液——酵素による分解

１日の唾液の分泌量は約１・５ℓにも及び、99・５%を占める水分以外にアミラーゼと呼ばれる酵素が含まれ、それが食物を分解する（唾液は他にカルシウム、マグネシウム、ナトリウム、尿酸、たんぱく質、ペルオキシダーゼ、そして細菌などを含む）。

消化ステージ3：嚥下——食道へ

食物を飲みこむ過程である嚥下には、約50もの筋肉が使われると言われている。食物が口の奥に送られていくと、飲みこもうとする反応が起き、喉頭蓋の気管口が閉じることで食物が気管に入らないよう防いでいる。そのあとは食道の筋肉が蠕動運動を行って食物を下へと運んでいき、やがて下部食道括約筋（ネコのお尻の穴に似ていなくもない）に到達する。この括約筋は、食物を胃に送りこむと同時に胃酸の逆流を防いでいる。ちなみに、嘔吐するときは例外的に開く。あと、げっぷをするときも。

唾液の働きを実験で見てみよう

インスタントのカスタードクリームを作り、2つのグラスに分けて入れる。1つのグラスに4〜5回、唾を吐いて入れる（何人かに頼んでみたが、なぜかものすごく嫌がられた）。唾を入れた方をティースプーンで混ぜたあと、2つのカスタードクリームをまな板の上に広げ、傾けてみる。唾の混ざったクリームはとても水っぽくなって流れるのに対し、もう一方のクリームはどろりとしたままだ。唾液がクリームに含まれる多糖類を短時間で素早く分解したことがよくわかる。

消化ステージ4：胃――胃酸と酵素

筋肉でできたこの器官は体の左寄りにあり、空腹時は直径約75㎜のこぶし大の大きさをしている。しかし必要とあらば、その容量は1ℓ～2ℓ、あるいはそれ以上に拡張する。食物がやって来ると同時に、胃の内壁は胃液を分泌し、そこに含まれるプロテアーゼという酵素がたんぱく質を分解する。また胃液には胃酸という、塩酸を主とした酸が含まれ、細菌を殺し、たんぱく質を変性させ、食物を再度調理するようなプロセスをほどこす。胃の内容物を吐いたときに苦い味がするのは、この素晴らしき胃液のせいなのだ。胃は入ってきた食物すべてを、こうした酵素や酸と混ぜ合わせる。食物が胃にとどまるのは15分～4時間程度だ。食物に脂肪分が多いほど、それを分解するための胆汁が必要とされ、消化に時間がかかる。胃そのものはほとんど栄養素を吸収せず、その役割は次の器官が担うことになる。ただし、一部の薬やアミノ酸、アルコール、カフェインなどは胃で吸収される。

不思議なことに、実は胃にも味覚の受容体が存在する。そしてグルタミン酸、糖、炭水化物、タンパク質や脂肪などを感知し、脳に快楽を伝えると考えられている。胃はゆっくりと蠕動運動を行い、食物と胃液の混ざりあったもの（専門的には糜汁《びじゅう》と呼ぶ）を押し出して、胃の出口にあたる幽門を通じ、小腸の最初の部分である十二指腸へと送りこむ。

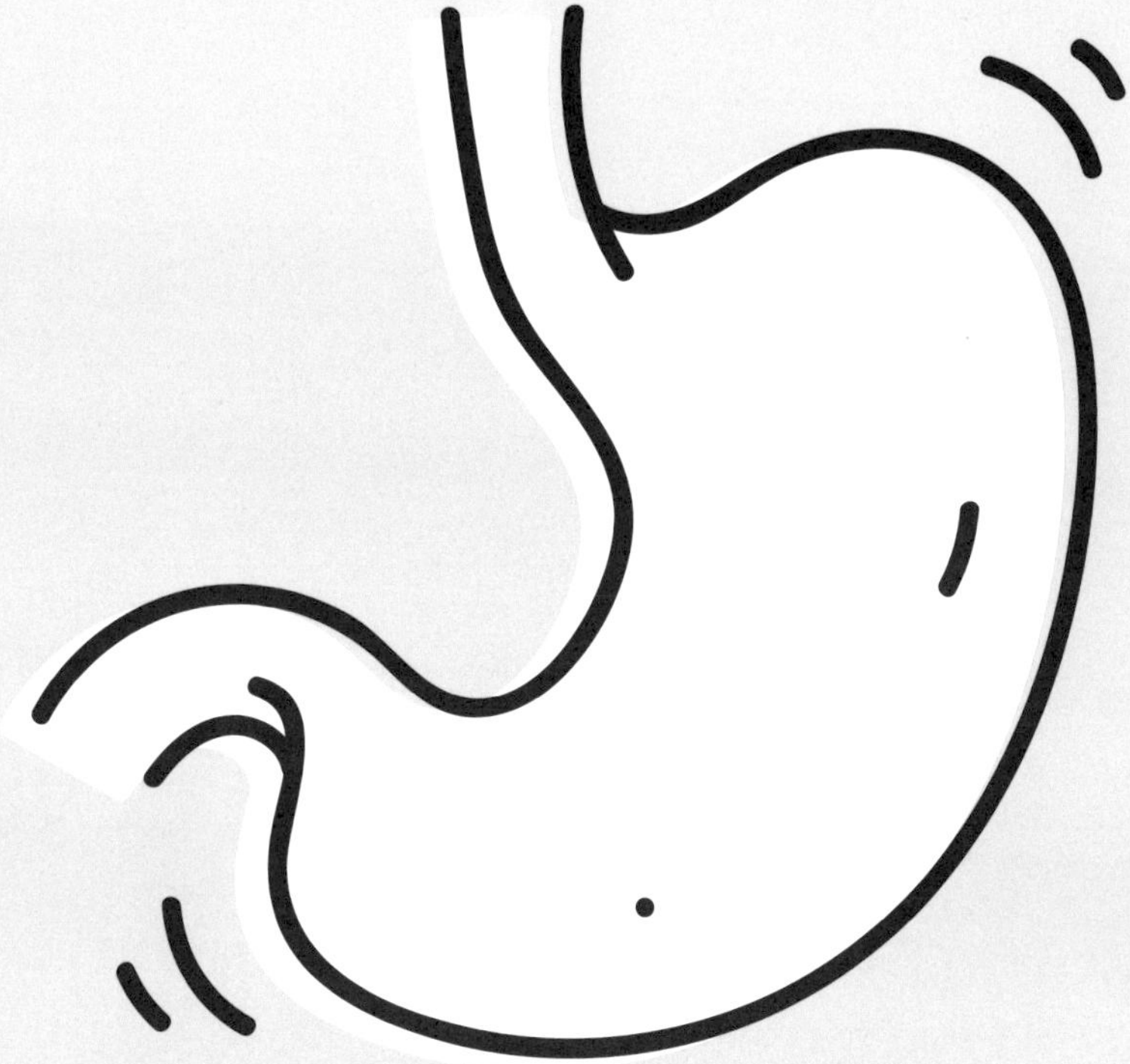

消化ステージ5：小腸

小腸は非常に長く、細い器官だ。ここで食物の栄養分がほとんど吸収され、消化に必要な多くの体液が分泌される。たとえば胆汁は肝臓で作られ、胆のうを通って放出され、脂肪を分解する。膵液は多くの消化酵素を含み、膵管を通って放出される。興味深いことに、膵液は強いアルカリ性の重炭酸イオンを多く含むので、胃液の酸を中和する。それによって、消化酵素が働きやすくなるのだ。ただし、酸による反応で二酸化炭素が発生し、少々ガスが発生することにもなる。

食物は通常、小腸を通過するのに6〜8時間かかる。小腸もやはり、ミミズが這うような蠕動運動によって食物を運んでいく。小腸の長さは平均で3〜5mと言われるが、個人差があり、短い人で2・75m、長い人で10・4mにも及ぶ場合がある。小腸の内壁はベルベットのような質感で、絨毛や微絨毛と呼ばれる細かい突起に覆われている。これによって小腸の表面積は、広げるとテニスコート1面分にも及ぶと言われ、そこから栄養素が吸収されていくのだ。

食物の分子はどんどん細かくされ、吸収されやすくなっていく。ビタミン、ミネラル、糖（炭水化物が分解されたもの）、アミノ酸、ペプチド（たんぱく質が分解されたもの）、脂肪酸とグリセロール（脂肪が分解されたもの）。こうした栄養素は小腸の内壁から吸収され、すぐ隣にある血管へと運ばれる。残ったものは回盲弁を通じて大腸へと運ばれていく。なお、回盲弁は便が小腸に逆流するのを防ぐ重要な役割をはたす。

消化ステージ6：大腸

大腸は約1・5mの器官で、小腸には長さではとても及ばないが、〝大〟というだけあって太さはある。ここで消化の速度は急激に遅くなり、細菌が力を発揮するための時間が与えられる。

小腸において血管に吸収されなかったものはすべて、大腸に到達し、分解されて取りこまれるか、捨てられる。

大腸は一部が欠けた四角形のような形をしており、まず上行結腸からはじまる。食物は腹の右側を上っていき、90度曲がって横行結腸を右から左へと移動し、左側にある下行結腸を下りていく。そしてさらに曲がって体の中央に向かい、便を溜めておく直腸を経て、最後に肛門に到達するのだ。

大腸はガスを生み出す最前線であり、食べかすから水分を吸収し、圧縮するという役割もはたしている。大腸には約100兆もの微生物が存在し、その重さだけで200g、種類は細菌や菌類、単細胞生物など併せて約700種にも及ぶ。それらは大腸に棲み、繁殖し、糜汁《びじゅう》や粘液などと混ざりあい、食べかすを便にしていく。大腸では栄養素はあまり吸収しないが、水分と、細菌の作りだしたビタミンであるチアミン、リボフラビンなどは吸収する。細菌は食物繊維を分解してエネルギーを得るとともに、短鎖脂肪酸を生成する。さて、ここでようやく本題だ。おならの生成は、水溶性繊維（主に不消化炭水化物）を細菌が分解することで行われる。

消化ステージ7：直腸

大腸の最後にあるのが直腸で、20cmほどの長さがあり、ガスと便を貯蔵する役割を持つ。大腸で作られた便が来るとふくらみ、その圧が伸張受容器を刺激すると、便意を感じるというわけだ。直腸がいっぱいになると内壁が押し広げられ、肛門管に便が下りていき、最後の蠕動運動として便を外に押し出そうとする。

消化ステージ8：肛門

そろそろ終わりも近い。肛門管は長さ3〜4cmの器官で、やや斜め下に向かっており、肛門とつながっている。そこは内括約筋（自分で動かすことはできない）と外括約筋（こっちは動かせる）でコントロールされている。

ステージ9：手を洗おう！

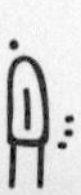

48

地球上でもっともおならを出す食物とは

ここから先で紹介する〝おならを増やす秘訣〟は、消化器の専門医から受けた科学的なアドバイスと、私のリサーチに協力的な多くの人々の力を集結した結果である。

キクイモ

おそらく世界でもっともパワフルな、おなら燃料となる食材だろう。キクイモにはイヌリンという炭水化物が最大75％含まれ、これによって大腸で活発にガスが生成される。とにかく感心するほどおならがよく出るので、キクイモについては別の章（54頁）であらためて語らせてもらいたい。

豆類、その他ラフィノースを多く含む食材

聖ヒエロニムス（347年—420年）は修道女たちに豆類を避けるように言っていたという。なぜなら、〝豆は下半身を刺激するから〟だとか。ヒエロニムスがなぜ修道女の下半身を気にしたのかは謎だが、これはたぶんおならのことを指しているのだろう。大豆、ウズラマメ、インゲンマメもそうだが、ブロッコリーやアスパラガスも食物繊維を多く含み、オリゴ糖の一種であるラフィノース、スタキオース、ベルバコースなどを含んでいる。こうした成分を分解する酵素（α—ガラクトシターゼ）は小腸に存在しないため、そのまま大腸へと運ばれる。そこで酵素を持つ細菌が喜んで分解をはじめ、腕によりをかけて発酵させる。大量のガスが発生するのは、細菌が食物繊維を好むからであり、同時にそれを燃料としてますます盛んに働くからでもある（オリゴ糖もまた燃料となる）。

タマネギ、ニンニク、西洋ネギ

これらの食材はフルクトース（果糖）分子の重合体であるフルクタンを含んでおり、小腸の酵素では分解されず、大腸の腸内細菌で分解する必要がある。ネギの種類が異なると、おならの量も変わってくる。

アブラナ科の野菜

キャベツ、カリフラワー、ブロッコリー、芽キャベツなど。腸内細菌の好む水溶性繊維が豊富で（ちなみにビタミンCも）、グルコシノレート——グルコースとアミノ酸の誘導体で、硫黄と窒素を含む

有機化合物――も多い。この成分が野菜に苦みを与え、ニオイのもととなる硫黄化合物を発生させるのだ。

全粒穀物

オーツやふすま、全粒粉のパンなどは水溶性食物繊維が豊富で、大腸にそのまま届けられる。腸内細菌が小躍りして喜ぶのが目に浮かぶようだ。全粒穀物はガスの量は増やすものの、ニオイはそれほど発生させない。

フルーツ

フルーツがここに出てくるとは意外かもしれない。ナシ、アプリコット、プルーン、モモなど多くのフルーツ（特にドライフルーツ）には糖アルコールが含まれており、腸内細菌が嬉々として発酵させる。

青バナナ

青バナナは熟したバナナよりデンプン（多糖類）が多く含まれ、単糖類は少ない。難消化性デンプンであるため、やはり大腸まで消化されずに届けられる。青いまま食べてももちろん害はないが、なんでまた青くてまずいうちに食べなきゃならないのか。

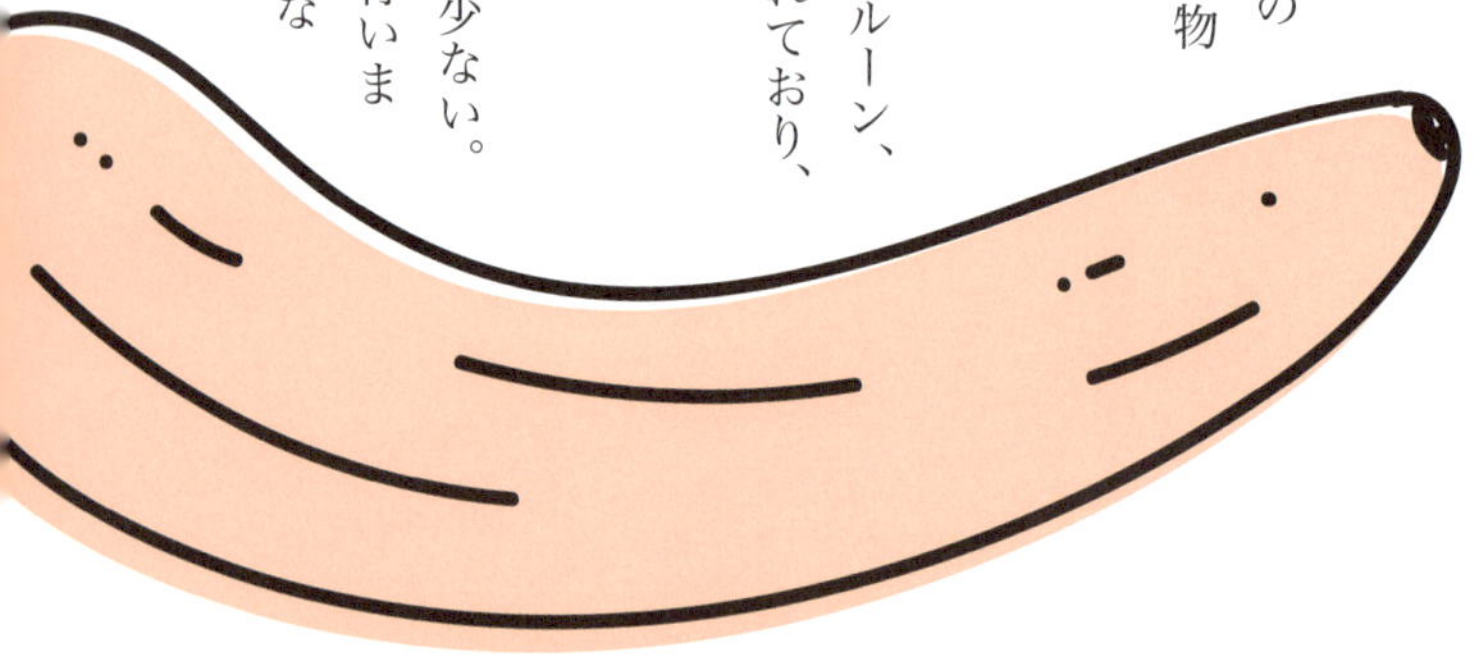

オレンジの白い部分

ペクチン（多糖類）が豊富に含まれる。青バナナと同様、大腸に直送されて発酵させられる。

肉類、乳製品

高たんぱく質の食物はおならの量を増やすことはない。ただ、ガスの発生は少ないが、ニオイは非常に強くなる。たんぱく質はアミノ酸が結合してできており、アミノ酸のうちの2種が硫黄化合物となり、ニオイを発生させるのだ。[注1] ある研究によれば、アミノ酸の一種であるシステインは腸内の硫化水素を７００％も増やすらしい。

脂肪分の多い食物

脂肪は魅惑的だ。小腸で分解されてｐＨの低い脂肪酸となるので、それを中和するためにｐＨの高い重炭酸塩を含む体液が分泌され、ｐＨ７の中性に調節するのだ（なんと賢い！）。重炭酸塩と脂肪酸が反応することで二酸化炭素が発生し、お腹が張ったような不快感が出てくる（レモン汁小さじ2に、重炭酸ソーダ小さじ1を加えてみるとよくわかるだろう）。二酸化炭素はある程度血液に吸収されるが、ほとんどはそのまま大腸に向かう。

注1　硫黄を含むアミノ酸はメチオニン（$C_5H_{11}NO_2S$）、システイン（$C_3H_7NO_2S$）の2種類だ。後者は酸化するとジスルフィド結合（$-CH_2-S-S-CH_2-$）を介して連結したアミノ酸、シスチンとなる。

ジャガイモ、シリアル

おなら燃料であるフルクタンを含み、大腸で分解されるのだが、面白い一面がある。なんとニオイを減らす作用があるらしく、ある研究によればシリアルを食べると硫化水素が75％にまで減ったとも言われている。

冷製パスタ、冷やしたイモ料理

また意外なものが出てきた。デンプンを含む料理は冷える（特に冷蔵庫で冷やすといい）と、難消化性デンプンとなって大腸に届き、腸内細菌が好んで分解してくれる。

ラクトース（乳糖）

乳汁に甘みを与える糖。これを摂取するとおならが増えるが、乳糖不耐性であればより深刻になる。この体質だと、乳糖を分解する酵素が小腸に不足しているため、そのまま大腸に届いて細菌が分解する。消化されていないラクトースを細菌が分解すると水素が発生し、それが乳糖不耐性に特有の症状となる。

シイタケ

マンニトールという糖アルコールの一種が含まれ、腸内細菌に好まれるとともに、お腹が緩くなる効果がある。小腸で吸収されずに大腸で分解されるため、糖尿病患者の食事に甘味料として使われる。

プロテイン・パウダー

ボディビルダーのおならはクサいことで有名だが、これはプロテインの摂取量が多いため、腸内細菌が硫化水素を盛んに発生させているせいだろう。

ソルビトール入りのシュガーレスガム

甘味料として使われるソルビトールは、コーンシロップに含まれるブドウ糖から製造され、普通の砂糖よりもカロリーが低い。ガムの甘味料としてよく使われている。消化されにくく、大腸まで分解されずに行くため、大量に摂ると下痢になってしまう。分子が壊れることがないので、小腸をそのまま通過して大腸に届くと考えられ、腸内細菌によって発酵してガスが発生するのだ。

逆に〝おならを出さない食物はなんですか〟って？
それは次の通り。

米
米粉のパン
グルテンフリーのパン
肉類、魚類（前述の通り、ニオイはつくが量は増えない）
トマト
レタス
ズッキーニ
ブドウ
アボカド
オレンジ（白い部分は除く）
スイカ

54

キクイモとはいったいなんなのか？

キクイモをイギリスに導入した植物学者のジョン・グッディヤーは、このように記している。「この植物を食べると、汚らわしく不愉快で悪臭芬々たる屁が出るうえに、腹はよじれるように痛む」

なぜキクイモなのか

キクイモがおならの量をダイレクトに増やすことは間違いない（もちろん体質にもよるだろうが、私はこれを食べると蒸気機関車なみにガスを量産する）。大差をつけての世界一のおなら食材であり、英語ではエルサレム・アーティチョークと呼ばれている。しかしエルサレム産ではないし、アーティチョークとも関係ない（味はちょっと似ているが）。北米産のヒマワリの仲間で、〝サンチョーク〟という別名もある（ちなみに私のお気に入りはフランス語の〝トゥピナンブール〟。アマゾンの食人族と言われるトゥピナンバ族に由来するという説がある）。ショウガやウコンに間違えられることがあり、うっかり庭に植えたりしたら大変なことになる。ものすごい勢いで繁殖し、いくら食べても追いつかないことに気づいたときには、もう遅かった（妻はもう絶対に食べないと言うし）。抜いても抜いてもなくならず、庭から駆逐するまでに4年もかかってしまった。

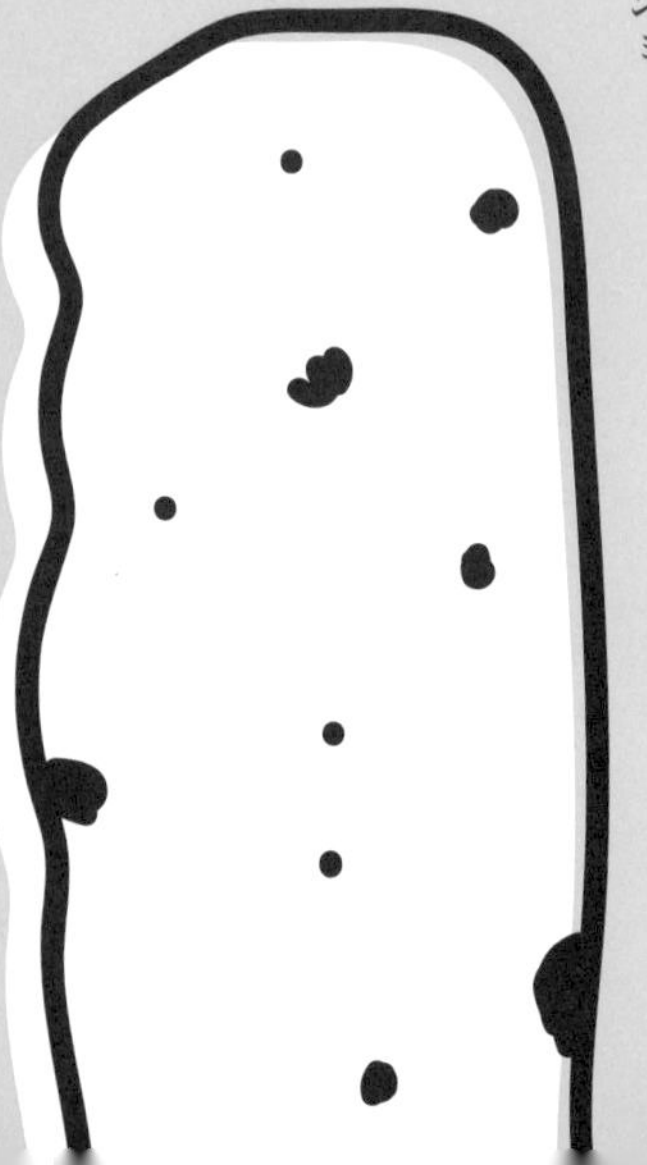

なぜ、食べるとおならが出るのか

とにかくにも、要《かなめ》となるのは〝イヌリン〟である。

これは複合炭水化物（単糖類が鎖のように連なった多糖類）[注1]の一種で、舌で甘みを感じることができる（生のキクイモのスライスを食べてみると、リンゴのような風味がある）。が、小腸にはこれを分解できる酵素がない。というか、人間の持つ酵素では分解することが難しいので、キクイモは〝難消化性〟と考えられている。そんなわけで、イヌリンがそのまま大腸に届くと、そこに棲む細菌が躍りあがって食しはじめ、二酸化炭素、水素、メタンなどのガスを大量発生させる。イヌリンはプレバイオティクスと呼ばれる、腸内の他の細菌の有益な栄養源となる成分で、それゆえにガスの生産量も全体的に上がる。なんと素晴らしいことだろう。イヌリンは一般的なジャガイモなどの根菜類に含まれるデンプンに代わるものとして、キクイモに秘められているのである。なお、含有量は少ないものの、イヌリンは麦やバナナ、タマネギ、アスパラガス、チコリなどにも含まれ、サプリメントなどはチコリ根由来のものが多い。近年は低カロリーでカルシウムの吸収を促進する面が注目され、キクイモの収穫量が上がっている（ただし、過敏性腸症候群〈ＩＢＳ〉である場合は、避けた方がいい食材だろう）。

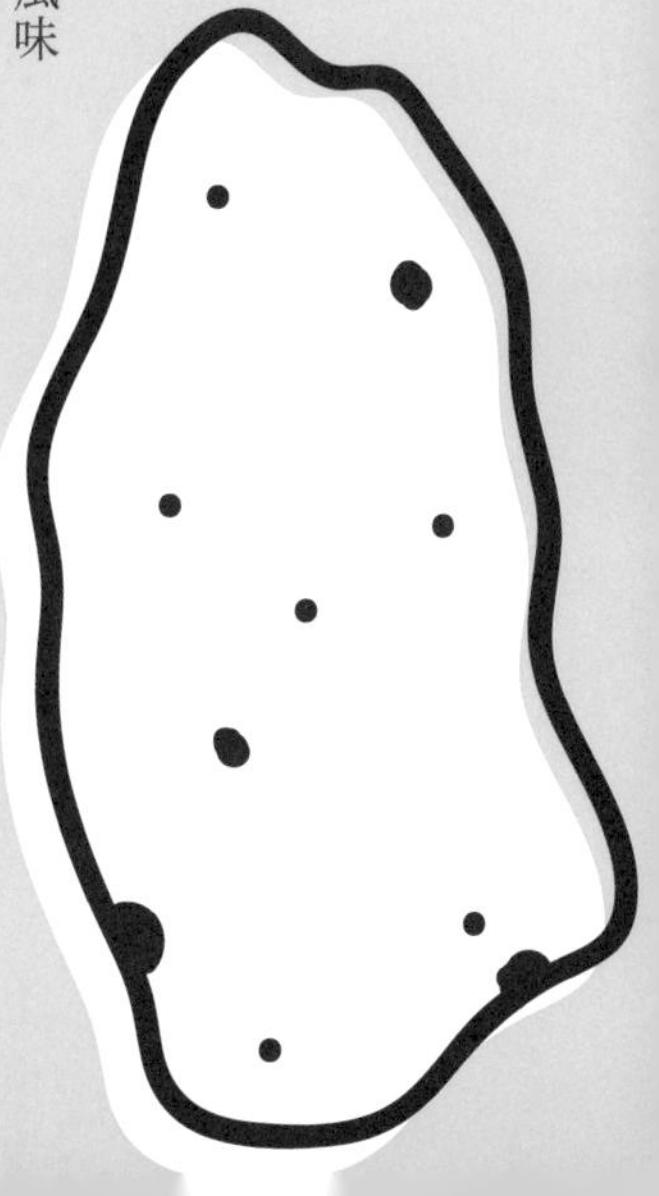

注1　〝糖〟は様々な種類の糖をあらわし、〝多糖類〟は文字通り、多くの単糖類が連なったものを指している。

キクイモの歴史

栽培しやすさと収穫量の多さ、そして食用部分を地中に隠しておけるという利点から、１６００年代なかばにヨーロッパに持ちこまれた。ところが、いわゆる〈コロンブス交換〉によって新たな食材が次々に入ってきたため、キクイモは当時の最先端の根菜であったジャガイモに取って代わられてしまう。キクイモは家畜用の飼料として栽培されることが多くなり、フランスでは食用と家畜用を行ったり来たりする時代が長く続いた。近代の料理人が書いたレシピは、キクイモのもたらす副作用についてまったく触れられていないのだが、前述のジョン・グッディヤーだけは警告していた。１６２１年、ジョン・ジェラードによる植物史の著書に、グッディヤーの言葉が引用されている。

〝どんな調理方法であろうと、この植物を食べると、汚らわしく不愉快で悪臭芬々たる屁が出るうえに、腹はよじれるように痛む。人間よりもブタに与えるべき食材だろう〟

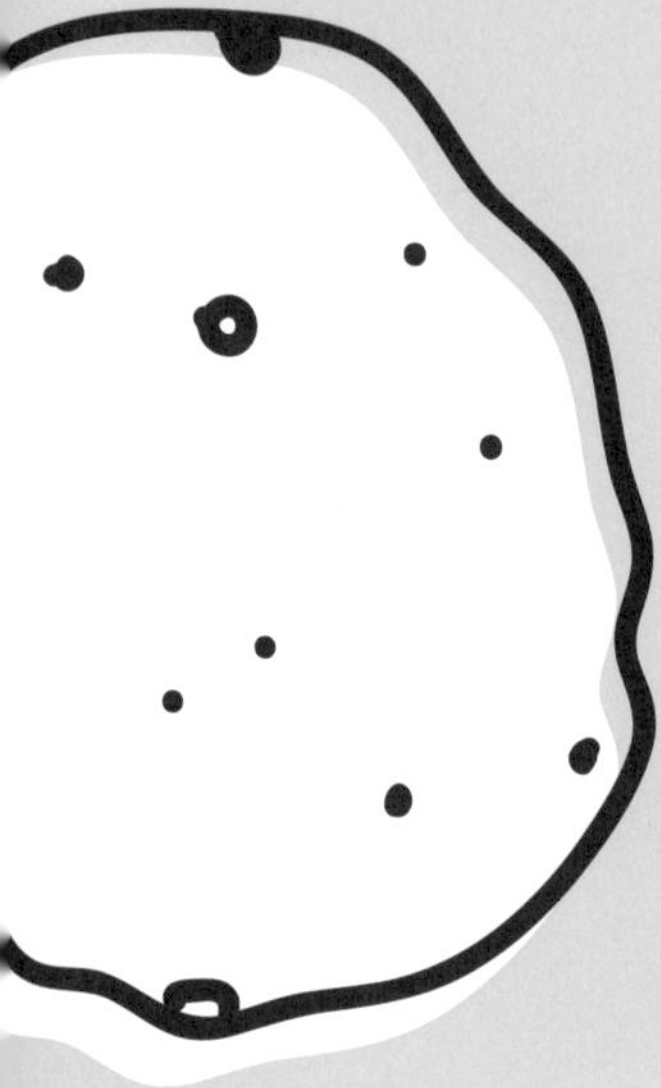

57

食べてもおならが出ないようにしたい

それは無理。そして困ったことに、食べるだけなら素晴らしい食材なのだ。ローストしても美味だし、生でサラダにしても、スープにしても、イヌリンのほんのりとした甘さと花のような香りが舌に広がる。巷で謳われているイヌリンの効果を見ると、おならが減るような気がしてしまうが（中には、イヌリンを摂ればガスの発生を抑えられるという、まったく逆のことを言う者もいる）、まったくそうではない。お腹に痛みを感じるようなら、どうぞ食べるのを避けていただきたい。ただ、おならの大発生をぜひとも楽しみたいということなら、これほどパワーのある食材はない。皮をむき、ジャガイモと一緒にローストして日曜日のランチにいかがだろう。お楽しみまでしばしお待ちを。

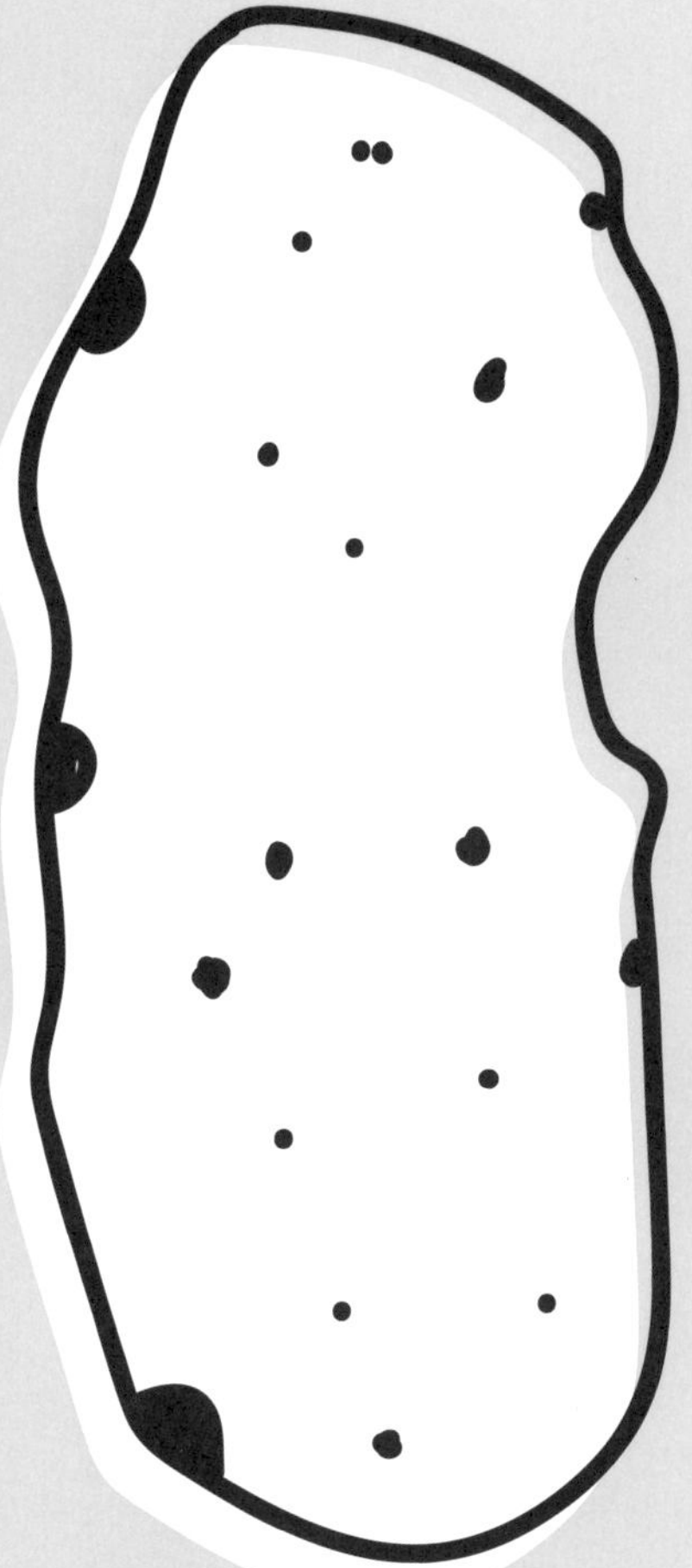

58

世界一おならを出すレシピ

好奇心旺盛な友人をお持ちなら、おなら燃料フードを食すディナーパーティに招待しよう。

キクイモのロースト――ロケット燃料並みに効果抜群

このレシピは、最強の食材キクイモとネギ属の野菜を組みあわせ、おならの量もニオイも最大限に増やすためのものだ。イヌリンを燃料にした大量のガスはキクイモから、そして強烈な硫黄臭はネギ属の野菜から得ることができる。あまりにも効果が強すぎるので、私はもう自宅でこれを作ってはいけないことになった。ちなみにこの料理は、食物の消化にかかる時間を測るのにもいいだろう。食べた時間を覚えておき、いつも以上におならが出はじめたら、食物が大腸に届いたということだ。

材料：主菜なら2人分、副菜にするなら4人分

- **キクイモ　750g**
- **レモン1／2個（汁を絞り、皮をすりおろす）**
- **小ぶりの赤タマネギ　4個**
- **ニンニク　丸ごと1個**
- **タイム（生のもの）　大さじ1**
- **ローズマリー（生のもの）　大さじ1**

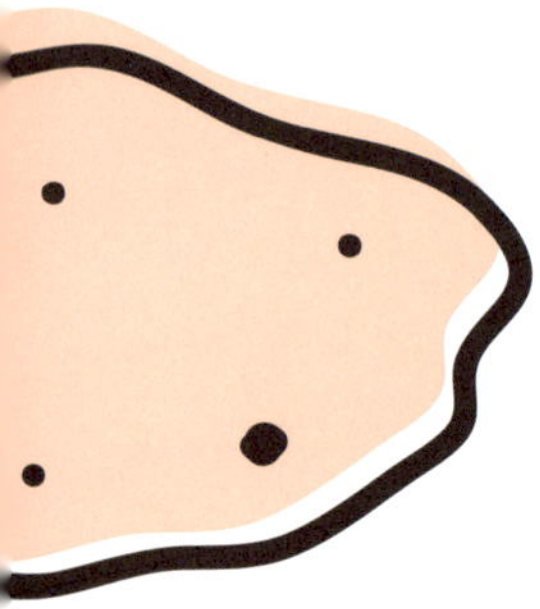

・エクストラ・ヴァージン・オリーブオイル　大さじ2
・塩・コショウ　適量
・松の実　大さじ2
・ベーコン　6枚（細かく刻む）
・パセリ　大さじ1

1　オーブンは180℃に予熱しておく。キクイモは表面が滑らかであれば（様々な形状のものがある）、ネイルブラシを使って洗い、1個につき4等分程度に、皮ごと切り分ける。レモン汁をからめて色止めする。表面がでこぼこのものは皮をむいてから、同様にする。

2　赤タマネギは皮をむき、4等分する。

3　ニンニクはばらしてから、一片を半分に切る。

4　1～3すべてをオーブン皿に並べ、レモンの皮、ハーブ類、オリーブオイル、調味料をかける（パセリは除く）。

5　オーブンで40分焼く。そのあいだに松の実とベーコンをフライパンで炒り、皿に取っておく。

6　焼き時間が経ったら、キクイモの焼け具合を見る。キツネ色にカリッと焼けていればOK。まだなら、あと10分焼く。味を見て、足りなければ塩・コショウを足す。

7　パセリ、ベーコン、松の実を散らし、皿に盛りつける。

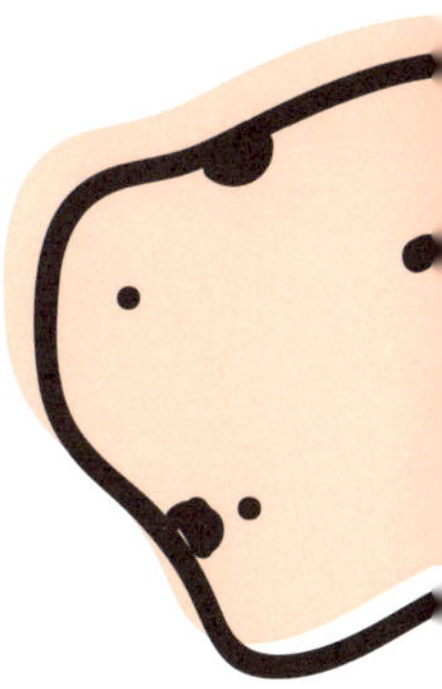

ベイクド・ビーツ──お尻に活力

美しいビーツは、ベタシアニンという色素でうんこを赤く染める。この色素は、胃の酸性度にもよるが、消化管をほぼそのまま通過して大腸に届くのだ。食物繊維が豊富でおならの量も増えるし、このレシピなら、ネギ属の野菜で硫黄臭もバッチリつく。

材料

- ビーツの根　500g（洗って大きめのくし形切り）
- ニンニク　6~8片（皮をむくが、切らない）
- オリーブオイル　大さじ6
- タイム　小さじ1
- 大ぶりの赤タマネギ　2個（皮をむいて薄切りにする）
- 塩・コショウ
- 赤ワインビネガー　大さじ2
- ブラウンシュガー　大さじ1半
- サワークリーム　大さじ4

1　オーブンは180℃に予熱しておく。オーブン皿にビーツとニンニクを入れ、オリーブオイル大さじ3とタイムをからめる。オーブンに入れて約45分、カリッとするまで

焼く。

2 ビーツを焼いているあいだに、残りのオリーブオイルをフライパンに入れ、弱火にかける。薄切りのタマネギと塩を入れ、20分間混ぜながら炒める。

3 タマネギがあめ色になったら、ワインビネガーとブラウンシュガー、塩・コショウを加える。水分が飛んでとろみがついたら火を止め、皿に取る。

4 ビーツが焼けたら、炒めたタマネギを上にのせ、皿に取りわけてサワークリームをかける。

体もびっくり！　おしっこのニオイ倍増サラダ

友達を驚かすのにうってつけのレシピだ。アスパラガスには魅力的な成分が含まれ、消化されるとメタンチオールと硫化ジメチルとなり、傷んだキャベツのような強烈なニオイがおしっこにつく。キクイモでおならを増やし、ビーツで赤いうんこを出し、さらにこのレシピも使えば、体はお祭り騒ぎになることだろう。

材料

- ビーツの根　300g
- アスパラガス　1束（5㎝程度に切る）
- キクイモ　300g（皮をむき、コイン程度の大きさに切る）
- フレッシュ・バジルの葉　1つかみ

ドレッシング

- レモン汁　1／2個分
- ディジョンマスタード、または粒マスタード　小さじ1
- エクストラ・ヴァージン・オリーブオイル（できるだけ良質のもの）　大さじ2
- はちみつ　小さじ1
- 塩・コショウ

1　ビーツを弱火で40分茹で、水を切って冷ます。粗熱が取れたら、ナイフを使って皮をむく。剝がれるように簡単にむける。くし形に切っておく。
2　ビーツを茹でているあいだ、大きな鍋に湯を沸かし、キクイモ、アスパラガスの順に入れる。2分ほど湯がいて水を切る。ビーツと一緒にボウルに入れる。
3　ドレッシングの材料を瓶に入れて蓋をし、振ってよく混ぜあわせる。ボウルの野菜にドレッシングをかけ、よくあえる。盛りつけたあと、バジルの葉を散らす。

究極のおならクラブ

メル・ブルックス監督の『ブレージング・サドル』はご覧になっただろうか。まだなら、ぜひ。

- 良質のソーセージ　500g

・オリーブオイル適量
・ベーコン　6枚
・インゲンマメ、またはライマメの水煮缶　400g、2缶（水を切っておく）
・トマトピューレ　400㎖
・塩・コショウ

ソーセージをオリーブオイルで10～15分、焼き色がつくまで炒める。一度皿に取り、次にベーコンをカリカリになるまで焼く。そこにソーセージを戻し、豆とトマトピューレを加える。蓋をせずに10～15分火にかけ、トマトソースを煮詰める。塩・コショウで味をととのえ、盛りつける。

ダックファート（カモのおなら）

アラスカで考えだされたこのカクテルは、おならを出す効果はないが、名前と味は最高だ。

大きめのショットグラスに次の材料を順番に注ぐ。

・カルーア　1ショット
・ベイリーズ　1ショット
・カナディアン・ウィスキー　半ショット

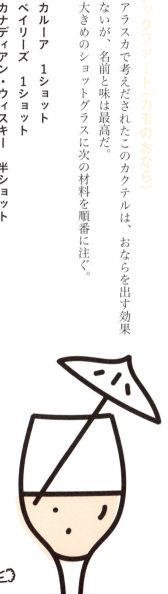

ある若者が、ガールフレンドの家に来て両親にはじめて会った。緊張しながら夕食をともにしていたが、困ったことおならをしたくなってしまった。

運よく、この家には犬がいた。名前はバック。人なつこくすり寄ってくるので、若者は素知らぬ顔ですかしっ屁をかまし、パタパタと手であおいでから、無邪気な犬に向かって言った。

「バック、あっちへ行っておくれ。クサいじゃないか」

これを何度か繰り返すと、ガールフレンドのお父さんが言った。

「言われたとおりにあっちへ行け、バック。クソをぶっかけられる前に」

『チーズを切ったのは誰？（Who Cut the Cheese?）』
ジム・ドーソン著
（テン・スピード・プレス社、1998年）

おならは悪なのか

広義に考えると、答えはノーだ。ただ、おならに含まれる水素には高い爆発性があり、酸素と混じりあうと大爆発を起こす危険性がある。どれだけ恐ろしいものかは、私のご近所さんに訊いてみるといい（ちなみにメタンを自宅で爆発させたこともあるが、水素に比べると穏やかだった）。とはいえ、おならに含まれる水素と酸素の濃度は微々たるもので、化学反応を起こしにくい窒素のほうがずっと多く、実際には危険はほとんどない。おならは自然に出るものであり、消化がきちんと行われている証なのだから、むしろ食物繊維をしっかりと摂ったことを誇りに思うべきだろう。

では、おならが悪とされるのはどんなときだろう。

1　あなたが牛だった場合。反芻を行う消化システムで食物を発酵させるため、大量の二酸化炭素とメタンが発生し、それがおならやげっぷで放出されて温室効果ガスとなる。困ったものだ。

2　〝ガスだまり〟を起こして苦しい場合。誰にでも多かれ少なかれ起きることだが、あまりにも長期間にわたってお腹の痛み、張り、おならの回数が異常に増えるなどの症状がある場合、受診したほうがいいだろう。何らかの病気が隠れているかもしれない。恥ずかしがらずに病院へ！

3　おならの音やニオイがあまりにも恥ずかしく、生活の質が脅かされる場合。人と会うのをためらったり、食物繊維を摂りたくなくなったりしたら、危険信号だ。

いくら本書の趣旨がおならの賛美だからといって、一般的におならが恥ずかしいもので、失礼にあたるという事実を無視するつもりはない。それにしても、おならが受けている偏見はひどいものだ。いったい世間は何を気どっているのだろう。みんなもっと大人になって、おならを自由に出し、おならに敬意を払えばいいのに。でも、そんな日はまだ来そうにない。というわけで、どうしてもおならを減らしたい人は108頁を参照してほしい。

でも、おならのガスって体に悪いのでは？

おならの成分はいずれも、大量に吸いこんだ場合は人間を死に至らしめる。とはいえ、それはどんなものにも当てはまることだ。たとえば水や香水、ニンジンジュース、ハムスターなどでも。毒物学では、すべては摂取量（どれだけ体内に摂りこんだか）で毒性が変わるという基本がある。水だって、短時間で大量に摂取すれば命にかかわる。パラケルスス（1493年―1541年）はこんな格言を残している。〝あらゆるものは毒であり、毒はどんなものにも含まれる。毒性をなくすには、摂取量を変えるしかない〟

そのため、表題の答えは確かにイエスだ。おならの成分のそれぞれを個別に、他のものを一切排除して長時間吸いこむという前提であれば。ただ、それを実行するのはかなり難しいだろう。

その一方で、エクセター大学の研究チームは硫化水素（おならに腐ったタマゴのニオイをつけるガス）に思わぬ効果があることを発見した。濃度が高いと有害な硫化水素だが、少量であれば細胞のミトコンドリアを保護する効果があるという。ミトコンドリアは細胞のさまざまな活動に必要なエネルギーを与える一方、病気などでダメージを受けやすい。そこで硫化水素が活躍するというわけだ。おならのニオイを嗅ぐことで、肺からどれだけの硫化水素を吸収できるかは未知数だが、有害なイメージのあるガスに病気を治す可能性があるとは、なんとも魅力的な話である。

　しかし、自分のおならのニオイなら大好きなのに、他人のおならを嗅ぐことは嫌がる人が多い。おなら界ではその所有権が重要なようで、望んでもいない他人のおならを押しつけられるのは喜ばれない。また、細菌だらけの他人のうんこから病気がうつることを本能的に恐れ、それゆえにおならも嫌われるという心理なのかもしれない。まったく、人間とはわがままな生き物だ。

腸内細菌とは何か？　善か悪か？

あなたの大腸に棲む細菌は、重さにして約200g、数は100兆個、種類は700種にものぼり、それ以外にも古細菌、菌類、ウィルスなどの微生物が日夜を問わずうごめき、働きつづけている。あまりにも大きな数なのでピンとこないかもしれないが、人間の体が37兆個の細胞でできていると聞けば、その数がいかに莫大であるかがわかるだろう。自分の体を構成する細胞よりも多くの生物が、お腹の中に棲んでいるのだ。近年ようやく、この腸内細菌が健康に重要なものだと知られるようになり、1つの有益な集合体として〝腸内フローラ〟、〝忘れられた器官〟などと呼ばれるようになった。こうした細菌は神経変性疾患であるパーキンソン病やアルツハイマーにも関連があると言われている。病気を引き起こすこともある細菌だが、すべてが悪ではなく、むしろ善と考えるべきものも多い。人間と細菌は共生関係にある。大腸を心地よい棲みかとして差しだし、栄養と繁殖の場を与える代わりに、体に必要なビタミンやミネラルを生成してもらい（おならのガスも）、食物を分解してもらうのだ。

細菌は善か悪か、どっちかはっきりさせたい

こちらとしてもはっきり言いたいのは山々なのだが、そう単純な話ではない。腸内には異なる細菌が共生しており、人体との関係も複雑で、まだわかっていないことも多い。腸内にいれば無害な細菌であっても、外に出ると有害なものもある（サルモネラ菌、黄色ブドウ球菌、破傷風菌など）。あら

ゆるものには毒性がある、という記述を覚えているだろうか。人体に有益な働きをする微生物もいれば、そうでないものもいる。食物繊維を発酵させ、酢酸や酪酸を生成したり、ビタミンBやKを産生したり、胆汁酸を代謝し、ホルモンを産生するといった多くのメリットを微生物がもたらすのは事実だ。そして、未知の領域も多いものの、薬学の分野でも腸内フローラが注目されている。精神疾患、炎症性疾患、自己免疫疾患と大きな関連があることがわかってきたのだ。

腸内には 300 ～ 1000 種の細菌が存在すると言われるが、そのうち 99%はわずか 30 ～ 40 種が占めている。主な細菌は、おおむね数の多い順に下記のとおりである。

- フィーカリバクテリウム
- バクテロイデス（腸内フローラのうち数種がこの仲間に分類され、全体の 30%を占める。基本的に病原性は低く、たんぱく質や動物性脂肪を多く摂る人間や動物が持つ菌である）
- エシェリキア属（大腸菌など）
- ユーバクテリウム
- エンテロバクター
- クレブシエラ
- ビフィドバクテリウム
- ブドウ球菌
- 乳酸菌
- クロストリジウム
- プロテウス
- シュードモナス
- サルモネラ菌
- プレボテラ（食物繊維の豊富な炭水化物を多く摂る人々に見られる）

なお、下記のような菌類も存在する。

- ペニシリウム
- カンジダ
- サッカロミセス
- ロドトルラ（ＩＢＳ患者に多い）
- プレオスポラ
- アスペルギルス
- 菌核病菌

素晴らしき大便の世界

うんこ（正式名称：大便）

〝うんこを出す〟の隠語として、英語圏にはさまざまな表現がある。〝ケーブルを敷く〟とか〝ブラウニーを焼く〟とか〝クラップする〟とか（最後の表現は、19世紀後半に設立されたバスルーム・メーカーのトーマス・クラッパー社に由来すると思われているが、実はもっと古くからこの言葉はあった）。また、〝Shit（シット＝クソ）〟に音が近いためにスラングとして〝アーサ（・キット）（ジャズ歌手）〟、〝ウィリアム（・ピット）（元英国首相）〟、〝ブラッド（・ピット）〟などもある。

大便がおならの母なら、小便は兄、汗は姉、鼻水は伯父といったところだろうか。かさぶた、耳くそ、唾液、ゲロ、へそのゴマなどは、冠婚葬祭でしか会わない親類のようなものだ。まあ、たとえ話はこのくらいにして、本題（うんこ）に移ろう。

うんこは消化の末に排出される食物の残りかすであり、それ以外にも体外に出すべきものが含まれている。男性と女性の大腸の働きは異なるようで、男性の排便回数が週平均9・2回なのに対し、女性は6・7回にとどまっている。また、1日1回〝ケーブルを敷く〟男性は40％いるのに対し、女性は33％のみ。1日に2、3回〝ブラウニーを焼く〟男性は7％いるが、女性は4％のみだ（ちなみに筆者は、1日3回の排便回数がごく当たり前だと最近まで思っていた）。そして女性の1％が1週間に1回かそれ以下しか、〝アーサ〟しない。人間が一番多く〝ブラッド〟する時間帯は朝で、女性よりも男性のほうが早くする傾向にある。

中身は？

うんこには小腸で吸収されなかった食物（大腸で細菌によって分解、発酵される）に加え、過剰な細菌や死んだ細菌、体内のその他の老廃物、腸壁細胞の死骸などが含まれていいる。これらを粘液が包んでいて、肛門をするりと抜け出る手助けをする。

- **不溶性食物繊維（難消化性のソルビトール、セルロース、イヌリンなど）、約30％**
- **生きた細菌および細菌の死骸（細菌は常に入れ替わっている）、約30％**
- **リン酸カルシウムなどの無機物、10～20％**
- **コレステロールなどの脂質、10～20％**
- **たんぱく質　2～3％**
- **腸壁細胞の死骸**
- **ビリルビン（赤血球の寿命が尽きると作られる黄色い色素）**
- **白血球の死骸**

一人ひとりのうんこは異なるし、その日の食事内容によっても変わる。消化管の働き方や、健康状態によっても違ってくる。うんこは消化によって排出される自然なものであるのは間違いないが、人間が衛生観念を発展させてきたのには相応の理由がある。うんこに含まれる細菌や病原菌が口から入るようなことは、絶対に避けるべきだ。手を洗おう！

73

ブリストルスケールについて

多くの発明を後世に残したブリストルの街だが、吊り橋、舗装道路、コンコルドに並んで有名なのがブリストル・ストゥール・フォーム・スケール（略してブリストルスケール。ちなみに〝ストゥール〟はうんこを意味する）だ。ブリストル大学病院で1997年に提唱され、BBCの〈視聴者が気分を害する度合い順の単語リスト〉を避けて慎重に書かれた一覧だそうだ。ともあれ、この内容を執筆しようという姿勢にまず驚くし、同時に嬉しくもなる。どの描写にも、とても惹きつけられる。たとえば〝表面が滑らかでヘビやソーセージに似た〟という表現なら、どこをどう取っても気分を害する人はいないだろう。ちなみに私のお気に入りはタイプ3――〝ソーセージ形ではあるが、ひび割れがあるもの〟だ。

タイプ1		硬くコロコロしたもの（出しにくい）
タイプ2		表面がでこぼこした硬いもの
タイプ3		ソーセージ形ではあるが、ひび割れがあるもの
タイプ4		表面が滑らかでヘビやソーセージに似たもの
タイプ5		軟らかく、一応形はあるもの（出しやすい）
タイプ6		形のない泥のようなもの
タイプ7		固形を含まない水のようなもの

なぜ、便にこのような基準《スケール》を設ける必要があるのか。変なうんこを出す人々の割合はどの程度なのか。驚くかもしれないが、普通のうんこを出す割合は男性で62%、女性はわずか56%なのだ。ということは、世間にはおかしなうんこが溢れかえっていることになり、自分が正常だと思っていたうんこが実は異常だったということもあり得る。誰かがこの基準を作ってくれなければ、それを知ることすらできなかったわけだ。

便の移植

ここから先の記述は不快な表現を含むため、注意すること。

過敏性腸症候群（ＩＢＳ）などの消化器系の疾患は非常につらいものなのに、世間からの理解は乏しいのが実情だ。そのため、一部の人々は大胆な行動に出た。それが便の移植であり、これは非常に画期的に聞こえる方法であるが、おすすめは……できない。この方法は、ＩＢＳが大腸内の細菌のバランス（つまり腸内フローラの状態）が悪いために起きるという考えに基づいており、大腸の働きに悪影響を与える細菌が増えすぎることを原因としている。あまりにも症状がつらかったせいか、ある人々は、その……なんと表現するべきか……ええい、単刀直入に書こう。健康な人の新鮮なうんこを、自分の肛門から注入するという方法を試みたのだ。健康な人のうんこにはバランスのよい細菌が含まれ、それが大腸に棲みついて増えれば症状が改善するだろう、ということらしい。

一見、理にかなっているようである。だが――この〝だが〟は絶対に軽くあしらうべからず――腸内細菌のバランスを変えることにはメリット・デメリットの双方があるはずで、実は深刻な副作用も報告されている。体重の増加や、メンタルに影響を及ぼしたなどの例があるのだ。実際に米国の病院では便移植が行われているそうだし、自宅で〝ＤＩＹ便移植〟する人々もいるとか。これは絶対にやめておくように。非常に危険だし、効果も実証されておらず、症状が悪化することにもなりかねない。

75 食物はどうやって体の中を通っていくのか

食べ物や飲み物は口から肛門にたどり着くまで、消化管が縮んだり緩んだりする動きによって送られ、体内を通り抜けていく。これを〝蠕動《ぜんどう》運動〟と呼ぶ。大した機能ではないと思うかもしれないが、消化管は９ｍにも及ぶことを考えてみてほしい（厳密に言うと、死体を解剖すると完全に弛緩した消化管は９ｍの長さがあるとわかっているが、生きている人間の体内では締まっているため、もっと短いと考えられている）。９ｍもある歯みがき粉のチューブが、自力で中身を押し出しているのを想像してほしい。あるいは巨大なミミズ（実はミミズは移動するのに似たような（不気味な）動きをする）が這っているところでもいい。消化管のほとんどは環状筋に覆われており、それらが働くことで起きる蠕動運動は、人間が直接コントロールすることはできない。

食物を口に入れて噛むと、専門家が言うところの〝食塊〟が形成される。それを飲みこむと最初の蠕動運動が食道で行われ、胃へと食塊が送られていく。食道を取り囲む神経が食塊の動きを感じ取り、通る前は筋肉を緩め、通ったあとは締めて、食塊を送り出していく。きわめて賢いこのシステムは、神経が指揮を取って行うものであり、あなたは何も考えなくてよい。私のリサーチ仲間であるアレックス・メニウスとヘザー・フィツケが、ユニバーシティ・カレッジ・ロンドン病院へ連れて行ってくれて、そこでＭＲＩを使って私の消化管の蠕動運動を動画として撮影してくれた。驚くべき映像が撮れたので、ぜひともYouTubeの〈Gastronaut TV〉をご覧あれ。

食塊が胃に入ると、面倒くさいことに専門家はその呼び名を〝糜汁《びじゅう》〟に変える。もし食べたものを吐き戻す機会があったら、胃の動きを意識してみるといい。嘔吐は蠕動運動ではなく、単に胃の強い収縮によって引き起こされることがわかるだろう。

胃が消化を終えると、糜汁は幽門（括約筋に似ているが別物である）を通って小腸に送られる。小腸の直径は中指程度と細く、長さは６ｍと非常に長い消化管だ。ここでは、蠕動運動はヘビの動き程度にゆっくりになる（食当たりなどで、さっさと悪い食物を体から追い出したい場合は別）。スピードが遅くなるのは、小腸の役割が糜汁を酵素と混ぜ合わせ、細かい分子にまで分解して吸収しやすくするためで、腸壁から血管へと運ばれた栄養素はやがて、体の役に立つことになる。

小腸での消化を終えると、糜汁は大腸（長さ約1・5m、直径6～7㎝）へと送られる。そこで細菌による分解が行われ、同時に水分が血管へと吸収される。ここでも蠕動運動が起きるが、特に〝大蠕動〟という動きが重要になってくる。1日に数回、食事がきっかけで起きる動きだ。これによって糜汁は直腸へと送られ、便意をもよおすまでそこに貯蔵される。

直腸に入ると、糜汁は大便――うんことなる。直腸はうんこによってふくらみ、圧が強くなると神経の伸張受容器が刺激され、脳に伝わって便意をもよおす。そこで排便しないと、うんこは大腸に戻ってしまう場合がある。そうなるとますます水分が吸収され、うんこは硬くなり、便秘へとつながる。だからうんこはすぐに、ためらわずに出すことだ。

さて、トイレに来て便器にすわろう（しゃがむ方が実はいい）。直腸の圧が高まると、うんこは肛門管――外へと放たれる前の最後の居場所――に移る。直腸は便が下りるにつれて収縮し、最後の蠕動運動が起きて、うんこを肛門から押し出そうとする。そこで待ちかまえているのが内括約筋と外括約筋だ。これらが肛門を広げ、うんこはついに嬉々として外へ飛び出していく。

では、手を洗おう。

78

おならを一切しなかったらどうなる？

ドッカーン！

おならを一切しないと爆発する……というのはさすがにないとしても、実は爆発したほうがましだと思うくらい、事態は深刻になる。どうしてもおならを出さないという鉄のような意志があるのなら、その結果を教えてあげよう。最初はまだいいが、最後のはかなりキツイ。

苦痛

まず腹部に不快感、膨満感が広がり、徐々に苦痛となっていく。腸の痛みは、消化の過程でなんらかの不具合が起きている兆しであり、我慢を続けるのは非常におすすめできない。それでも続けるなら、やがて消化不良や胸やけを起こすだろう。これはまだ序の口だ。

おなら臭のする息

体内におならが長時間とどまっていると、やがて血液に吸収され、吐く息にニオイがつくようになる。困ったものだ。

おなら臭のするげっぷ

おならをあまりにも長く溜めこんでいると、やがてはげっぷとしておならが放出される。こうした逆流の現象は、通常なら胃の内容物が下ではなく上へ行き、嘔吐するときなどに起きるものだ。しかしおならを我慢しすぎると、行き場を失ったガスは腸をさかのぼってきて、おならのニオイがついた酸っぱいげっぷとなって外へ出ていく。このカオスとも言える現象は、おならのガスが腸内にとどまりやすいＩＢＳ患者にも見られることがある。

腸が破裂⁉

大腸憩室《けいしつ》症はよく見られる病気で、おならを我慢することが原因の一つであると考えられている。ガスが溜まると、腸壁に小さなポケット（憩室）ができ、それが炎症を起こすと穿孔性憩室炎に進行する場合がある。やがては敗血症となり、発見が遅れれば死に至る。ちょっとこれは避けたい。

時々、熱いおならが出るのはなぜか

誰でもこんな経験があるだろう。自分の席から意中の彼／彼女の姿が見えるが、真面目に仕事／勉強に集中していると、直腸に圧を感じ、おならが門扉のすぐそばで待機していることに気づく。ちらりと意中の彼／彼女に目をやってから、〝ま、ほんの少しだし〟と自分に言い聞かせ、左の尻をわずかに持ち上げ、括約筋を緩めて慎重に、音が鳴らないように少しずつガスを出す。まったくの無音でコトを終えると、心の中で〝さっすが。おならマイスターだな〟とひとりごちる。しかしその自信も、パンツの中が予想外にホカホカしてくると崩れ去ってしまう。〝うわっ、なんだこりゃ。こんなはずじゃなかったのに！〟あなたは本能的に、自分が汚らしくて腐ったニオイのする屁っこきだと思い知り、この場を切り抜ける方法は一つしかないと悟る。そう、誰かのせいにするのだ。そしてあなたは周囲を不快そうに見まわし、大きく舌打ちをして、自分にはなんの罪もないという顔を平然としてみせる。もちろん、それに騙される人は誰もいない。あなたの心はボキボキに折れ、一日家に引きこもっていればよかったと後悔する。

熱いおならを科学的に見ると

というわけで、どうして音のしないおならは熱くてクサく、強烈なのだろうか。その理由はすべて、細菌が大腸で食物繊維を分解することにある。このプロセスは、代謝――体に必要な有機材料を合成するための、生化学反応の総称――と呼ばれ、ここで新たに合成されたものが燃料となって体に使われていく。細菌の分解によって燃料が生成される（グルコースをピルビン酸に分解するなど）とき、この分解の過程は〝異化〟と呼ばれる。複雑な化合物をより簡単な物質に分解する際、エネルギーが放出され、それが熱となって熱いおならが生まれるのだ。こうした熱エネルギーの発生を発熱反応と呼び、糖などの分子が結合しているときにエネルギーを溜めこむことが要因となっている。それが分解される際、分子が高速で動き、熱くなるというわけだ。

つまり、熱くてクサいおならは、食物と代謝などの必要条件が完璧にそろった際に生まれる。腸内細菌が燃料をたっぷりと産生したとか（一度に大量の食物繊維を摂取したなどで）、長期間にわたって食物繊維を摂りつづけ、あるいはプロバイオティクス食品をたくさん摂り、あなたの腸に元気な細菌がわんさかいるとかいった条件だ。温度と酸性度が最適な条件でなければ起きない現象であり、おならの量もニオイもかなりの高いレベルでなければならない。そう考えると、あなたはとてもラッキーなのだ。

赤外線カメラで撮影されたおならについて

インターネット上には、日常生活を送る人々をこっそり赤外線カメラで撮影し、おならの瞬間をとらえた動画が出回っている。とても面白いのだが、あれは作りものだと断言したい。われわれも高性能の赤外線カメラでおならを何度も撮影し、ガスの小さな雲をとらえようとしてみたが、一切映ることはなかった。誰かが思いついて、いたずら半分で映像を加工したのだろう。

第3章
おならの物理学

83

なぜおならは音がするのか

ようこそ、汚れた物理学の世界へ。ここでは肛門が放つ音響（尻の穴が震えることで発生する音）と括約筋にまつわる流体力学をご紹介したい。肛門を通過するガス、そして流体の動きを学ぶのだ。まず心してほしいのは、この章が肛門と括約筋について延々と語る場になるということだ（肛門に関しては、医学部出身でない人間としては誰よりも深く学んだと自負している）。

音とは、空気の圧力変化によって伝わる振動のことだ。人間が聞き取れるのは一定の範囲の音でしかなく、もっとも低い音としては1秒間に20回の振動である20Hz、もっとも高い音としては2万回の振動である2万Hzまでと言われている。ということは、おならが人間に聞こえるためには、この範囲内の数値で振動しなければならない。その振動は、肛門――直腸の外にあり、2組の輪状の筋肉、内括約筋と外括約筋によってきっちりとコントロールされている場所――を通って外へと放たれていく。

おならのガスが直腸――うんことおならの貯蔵庫――に溜まってくると、圧を感じ、おならを出したくなってくる。これを敏感に察知した神経が脳に〝気をつけろ、デカいのが来るぞ〟とメッセージを送るからだ。この感覚はとても繊細で、出したいのがおならなのか、うんこなのかを識別できる。あなたが外括約筋を緩めようと決めたとき（ちなみに内括約筋はコントロールできない）、直腸を圧迫していたガスは肛門にわずかな隙間を開け、外へ出て行く。

それにしても、おならを放出するときに肛門はどうして振動し、あのプーっという音を鳴らすのだろうか。これには圧力と摩擦が関係している。括約筋がおならを出すために少しだけ開くと、ガスが動きだし、流れでる際に括約筋を内側に引っぱる力が働く。その理由としては、速い流れは圧力が低くなること、ガスが通る際に括約筋の端が変形すること、肛門が開くと直腸の圧がわずかに減ることなどが挙げられる。これによって穴は一時的に閉じるが、それと同時にまた圧が高まり、穴が広がる。そしてまた閉じ、開き、と何度もこれを繰りかえす。この開閉の動きが1秒間に少なくとも20回起きたなら、大成功。耳で聞き取れるだけの圧力を持ったおならを出せたということだ。ここに流体力学が関係してくる。[注1] なんともよくできた仕組みだ。

注1　物理学にくわしい読者の方へ。流体力学の基本として、〈ベルヌーイの定理〉——流体の速度が増加すると圧力が下がること——があるが、これは流線上でのみ成り立つという条件がある。困ったことに、おならが内括約筋、外括約筋を通って外へ出て行くというルートが流線上であるかどうかは、断言しにくい（86〜87頁を参照）。

おならとは、直腸内の高い圧力と、ガスが肛門を通り抜ける際の低い圧力との戦いなのだ。

おならの音を変えたければ、ガスが流れでる際に括約筋を締めたり緩めたりと調節してみるといい。きつく締めれば、直腸内のガスの圧力が高まり、小さい穴を通るせいで振動も速くなって、音は高くなる。

また、括約筋を緩めすぎれば、一緒にうんこが出てしまうというリスクが（いわゆる〝実《み》が出る〟状態）ついてまわり、おならどころではなくなる。括約筋はなかなか手ごわい。

括約筋のコントロールは遊びとして使うこともできるし（１２９頁を参照）、愛する人との関係を良好に保つのにも一役買う。たとえば、夜明け前に特大のおならが放出寸前になっていることに気づき、隣で寝ているパートナーを起こしたくないときでも、我慢する必要はない。ただお尻をしっかりと開き、括約筋を存分に広げればいいのだ。この状態なら括約筋が振動して〝あの音〟を出すことはないし、カーテンを引く音程度の静けさでガスを放出でき、パートナーの眠りを妨げることもない（もちろん、ニオイが強烈でなければの話だが）。気をつけるべきは前述の〝実が出る〟リスクだが、たいていのおならマイスターは、そのあたりも抜かりないはずだ。ただ、これがもし朝の7時で、パートナーがすでにベッドから出ていったあとなら、尻も括約筋もビシっと締めて、音高らかに放屁すればいい。さわやかな朝の一発だ！

ベルヌーイの定理とコアンダ効果

ダニエル・ベルヌーイ（1700年―1782年）はスイスの数学者、物理学者で、父親や兄弟もやはり学者であったが、才能豊かなベルヌーイに嫉妬の念が絶えなかったという。ベルヌーイは特に数学や物理を実用的に使う才能があり、流体力学における〈ベルヌーイの定理〉を発表したことで後世に名を残した。えっ、なんだかつまらなそう？　まあまあ。この定理はキャブレター（車などのエンジンの燃料供給装置）などに使われ、われわれの生活にも役立っているし、もしかするとおならの圧力やスピードも、条件が異なれば変わる……かもしれない。

ベルヌーイの定理は次のようなものだ。〝流体において、流れの遅い箇所よりも、流れの速い箇所のほうが圧力は低くなる〟

古くからある実験としては、ドライヤーでピンポン玉を浮かせる方法や、リーフ・ブロワーでビーチボールを浮かせるという私のお気に入りの方法などがある。なお、この現象にベルヌーイの定理とコアンダ効果のどちらが適当であるかは、物理学者のあいだで常に議論の的となっている。が、ボールの周りの気流をシュリーレン装置で見てみると非常に美しく、ボールが気流の中央から片側に寄る

と、外側の気流の流れは遅く、中央は速く流れているのがはっきりとわかり、ボールは中央へと引き戻されていく。ベルヌーイの定理は密閉された場所で起きることが前提だが、やはりこの現象にも当てはまるのではないだろうか。同じように、おならが括約筋を通って出る際には圧力が低くなり、一瞬肛門が引っこんだあと、開いてガスがドバっと出ていくのだ。

ルーマニアの技術者アンリ・コアンダ（1886年―1972年）は兵士としては三流だったが、発明家として開花し、世界初のジェット機であるコアンダ＝1910を開発した（が、コアンダの同僚や同時代の技術者たちは、彼が先駆者とは認めていなかった）。航空力学に力を注いだコアンダは、粘性流体の流れが物体に沿って曲げられ、圧力の低くなる箇所を生む現象を発見した。これがコアンダ効果であり、先ほどのビーチボールが気流の真ん中にとどまる現象をよりよく説明するものだ。球が気流の中央から片側に寄ったとき、球に面した中央の気流は速く、圧力が低い。球の外側の気流は遅く、圧力が高いため、球を中央に押し戻す力が働き、球は中央にとどまるのだ。どうにもややこしい話だが、このような圧力の変化はわれわれの括約筋まわりでも起きているにちがいない。きっと。

巨大括約筋を作ってみよう

手順は簡単。身近にあるもので巨大括約筋が作れる。

1　キッチンにあるゴム手袋を用意する。あるいは、膨らませると直径1ｍになる大型の風船を買う（後者のほうが好ましい）。ゴム手袋なら指の部分を切り落とし、筒状にする。風船なら半分に切る（と言っても、風船の口から先端に向かってではなく、膨らむ部分を横に切ること）。

2　リーフ・ブロワー（落ち葉を風で吹き飛ばす機械）を用意する。非常に危険なので、取り扱いには充分に注意し、絶対に顔には向けないこと。砂粒でもまぎれこんで目に当たったら、失明しかねない。

3　手袋、もしくは風船の切り落とした方の端をリーフ・ブロワーの先端に被せ、強力な粘着テープで固定する。

4　耳栓かヘッドフォンをつけて、友達を呼んでリーフ・ブロワーを持ってもらう。両手で手袋／風船の留めていないほうの端を持って広げ、風が自分に当たらないよう、脇に立つ。

5　スイッチを入れて！　と友達に向かって叫ぶ。強力な風が吹き出したら、ゴム製括約筋を引っぱったり縮めたりして、特大のおならが放つ咆哮を色々と変えてみるといい。

6　お楽しみあれ。

89

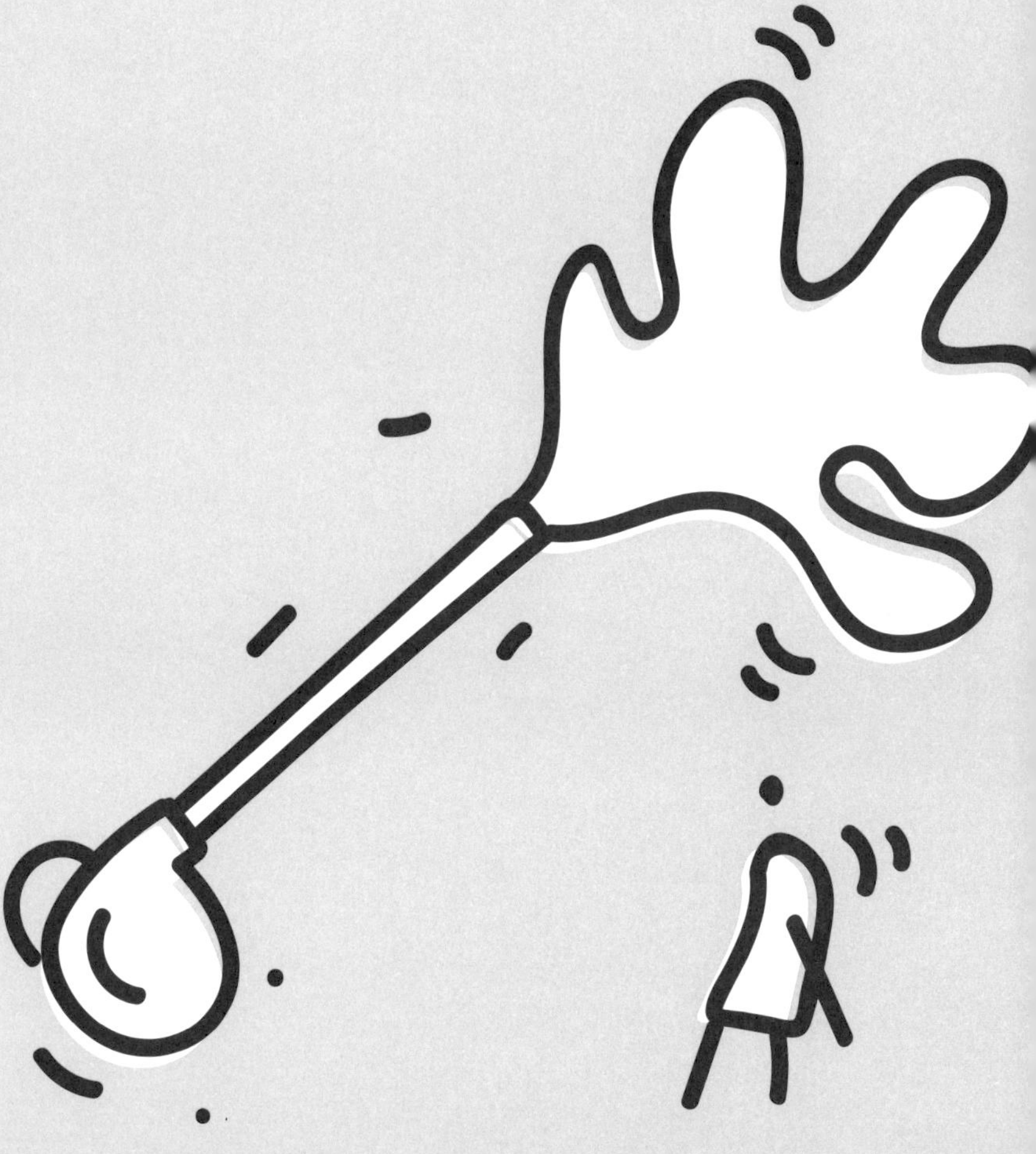

下水処理場の仕組み

あなたのうんこ、おしっこ、その他もろもろが含まれたトイレの排水が下水処理場を流れる旅は、人間の消化プロセスと驚くほどよく似ている。細菌による分解があり、最高品質のガス生産が行われ、施設内を排水が移動するさまは蠕動運動のようだ。処理後にはきれいになった水と、素晴らしく上質な肥料ができあがり、土へと還っていく（自然界で起きている窒素循環を思わせるプロセスだ）。これだけでも充分魅力的なのだが、下水処理場には古代の大発明である〈アルキメデスの揚水ポンプ〉もあるし、巨大な貯水タンクや先進的な外観のバイオ処理機などにも、圧倒されるばかりだ。これほどの魅力が詰まった施設があるのだから、わざわざディズニーランドに足を運ぶ必要もあるまい。私は友人のムハンマド・サディクの案内で、ブリストルにあるウェセックス・ウォーター社のエイヴォンマス下水処理工場を見学したことがあるのだが、あまりにも楽しかったのでその後も何度も訪れている。

下水処理場の工程は、生活排水、工業排水、都市から流出してきた雨水などを処理して、水、メタンガス、油脂、肥料となる泥、それ以外の固形物などに分けていくのが大まかな流れだ。可能なものはすべてリサイクルするという前提であり、きれいになった水は河川や海に流され、残った固形物やごみ（おむつ、生理用品、布、綿など）だけがエネルギー回収型廃棄物処理施設に送られ、埋め立てされる廃棄物は一切ない。

トイレの水を流すと、汚物は水に乗ってあなたの家から下水管へと流れ、ポンプ所を経由しながら、地下に張りめぐらされたルートを通って下水処理場へとたどり着く。もちろん自宅で浄化槽や好気性《エアロビック》処理システムを使った下水処理ができれば、話は別だ。浄化槽は家屋に近い地中に埋設された大型のタンクで、そこに生活排水が流れこみ、嫌気性微生物が分解を行うことで水を浄化する。あくまでも最低限の処理をする設備と考えられており、汚泥は定期的に吸引しなければならないし、完全に浄化されていない水が地中にそのまま流されることになる。

　下水処理場に下水が到着すると、たいていはそのまま巨大な〈アルキメデスの揚水ポンプ〉で高い場所へと運ばれる。処理場では常に重力による下方への流れが必要となるので、最初に高い位置へ持っていくことが重要なのだ。その次に〝前処理〟と呼ばれる段階があり、下水は細いバーの並んだフィルターを通り、大きなごみが取り除かれる。その次に下水は一次処理と

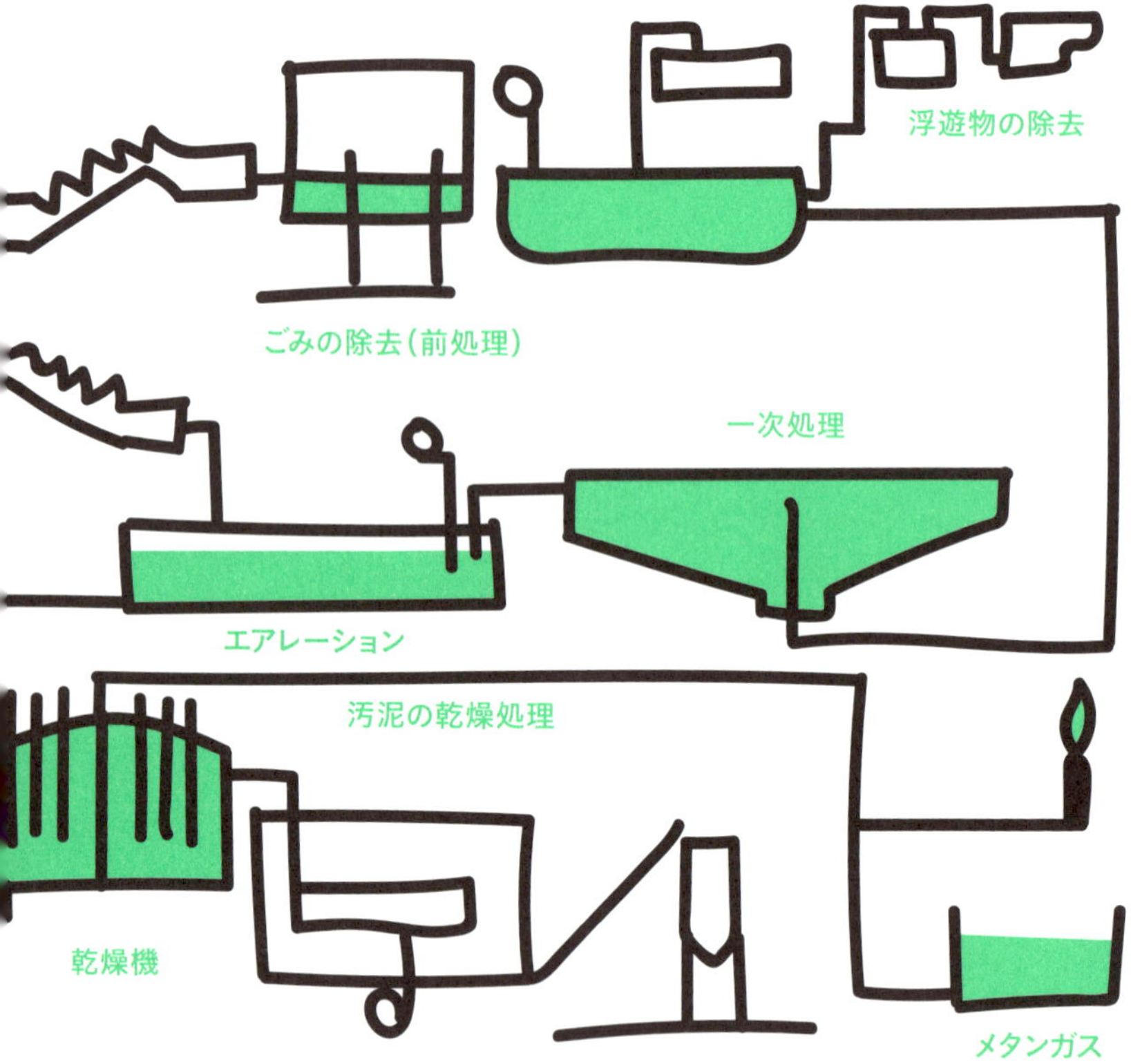

して大型の水槽に流しこまれ、時間をかけて固形物を沈殿させ、水と分離させられる。重いものはタンクの底に汚泥として溜まり、油分などの軽いものは表面に浮き、よどんだ膜を張る。下水処理場の近くを通ったことがあれば、大型の円形の水槽に見覚えがあるだろう。

豪雨などによって下水処理場の容量がオーバーしそうな場合、余分な水を流しこむために大型の非常用雨水タンクを設けている施設もある。雨がやんだら、タンクから水を戻して処理するのだ。次はエアレーション・タンクで空気を使ったプロセスを踏んでから、二次処理へと移

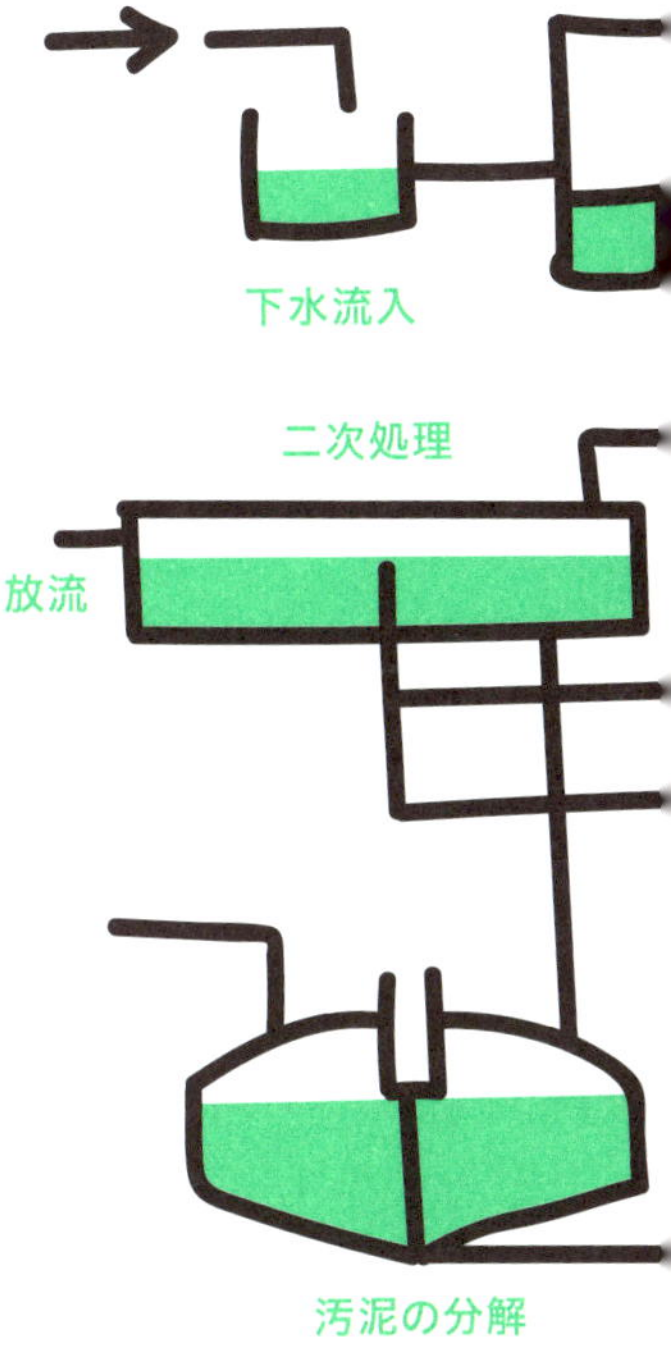

行する。ここでは水中に浮遊している有機物を、微生物の分解によって分離させる。これが済むと水は放流される（特に環境に配慮しなければならない地域では、三次処理として精密ろ過による消毒を行う）。

何より魅力的なのは、一次処理と二次処理で発生する汚泥の分解だ。水底の沈殿物は取り除かれると、嫌気性の微生物による分解処理が行われ、これが大腸の働きと非常によく似ている。多様な細菌が有機物を分解することで、大量のメタンガスと同時に水も発生する（エイヴォンマスでは、このガスを処理場のエネルギー源として使用したり、一般のガス配管に流したりしている）。そのあと汚泥は遠心分離器にかけられて乾燥させられ、スラッジケーキと呼ばれる肥料となる。大型のトラックがこれを回収し、肥料はやがて大地に撒かれていく。

94 おならバス

スイス南部のティチーノ州はイタリア語圏であり、路線バスを運行するのはティチーノ地方鉄道会社《Ferrovie Autolinee Regionali Ticinesi》という。頭文字を取るとＦＡＲＴ《おなら》。ゆえにおならバスと呼んでもいいのではないか。

いやいや、本題はそういうことではない。ここで言う〝おならバス〟とは、英国のグリーン・エネルギー企業、ジェネコが運行しているバスのことで、ディーゼル燃料ではなく人間の排泄物や廃棄食材から生成したバイオメタンを燃料としている。この夢のようなバスに乗ってバースからブリストルまで移動してみたが、まったくクサくなかった（とはいえ、バスの車体にはトイレにすわる人々らしき絵が描かれている）。バスは非常に好評で、有害微粒子の排出を97％抑え、窒素酸化物の排出は80～90％抑えているという。もちろん二酸化炭素も大幅に削減できている。

ジェネコはまた、排泄物のみを原料としたメタンガス

で走るフォルクスワーゲン・ビートルの開発にもかかわり、圧縮ガスのタンクを搭載した車両は、一度のガスの充塡で３７０㎞もの走行が可能だという。〈Gastronaut TV〉の撮影で運転させてもらったが、とても楽しかった。ちなみにこれもクサくはなかった。

こうしたメタンガスは、ウェセックス・ウォーター社のエイヴォンマス下水処理場にある巨大な球体のバイオ処理機から発生している。人間の排泄物や廃棄食材を細菌に分解させ、酸性度や温度を適正に保つことでメタンを生成させているのだ。ここで使われるのは嫌気性の微生物で、酸素に触れることなく分解は行われる。また、人間誰もがメタンガスを必ず出すわけではないものの、このガスは巨大なおならと呼んでもいいだろう。おならバスとバイオ・ビートルは、バイオメタンが有効活用できることの証であり、ブリストルの処理場では1日に５６００㎥ものガスが生成されている。それは天然ガスの代わりに家庭で利用されたり、代替エネルギーを利用するバスなどで使われたりしている。

おならマシンの製造方法

（あるいは〝嫌気性分解装置〟の作り方）

これから記すのは、教師やDIYおならファンのための手引きであり、生のうんこや薬品を電子機器に近づけることになるため、取り扱いには細心の注意を払うこと。汚物を扱うので、感染症のリスクが高いことも承知しておいてほしい。私が香り豊かな〝嫌気性分解装置〟を作った際は、

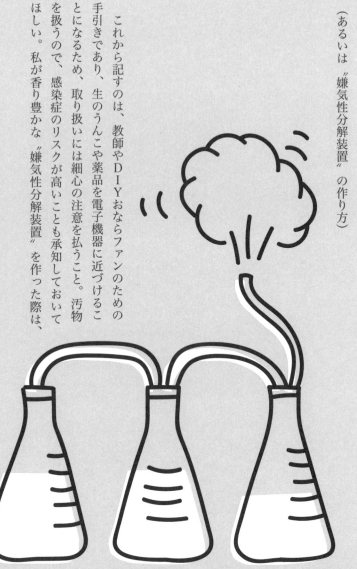

妻とかなり揉めたので、家族の合意は得たほうがいいと思う。このマシンはある意味、生きて呼吸をしているので、定期的に様子を見てpHを保たないと、死滅してしまう。表面が乾燥してしまったり、餌を与える量を間違えたりすると、やはり同じ悲劇が起きる。

おならマシンを作るにあたり必要なものは、実験器具の販売会社で入手できるが、身のまわりにあるもので代用してもいい。ただ、温度は常に37℃に保たねばならないので、投入電熱器（直接水中に入れて湯を沸かす電熱器）だけは必要だろう。

マシンの準備ができたら、材料の調達だ。ベストなのは、バケツに自分でうんこをしてそれを使う方法だ。牛の糞を使うという話も聞いたことはあるが、人間とは消化システムが異なるし、牛の持つ細菌では長く使えるマシンにはならない可能性がある。また、その他の注意点を以下に記しておく。

1　マシンを使いはじめると、ガスの量の多さに驚くことだろう。でも、ここでぬか喜びしてはいけない。最初に発生するのは多くが二酸化炭素であり、メタンはあまり含まれないからだ。軌道に乗るまでには時間がかかる。私の場合、すぐにうまくいったこともあるが、あるときは三週間あれこれやってもうまくいかず、最初からやり直しになってしまった。女性のうんこのほうがメタンをよく発生させるので、あなたが女性でないなら、誰かにバケツにうんこをしてくれるよう、にこやかに頼んでみるといい。

2　pHを常にチェックし、温度を一定に保ちながら、餌を与えつづけ、同じ量の内容物を抜きとるのを怠らないこと。マシン製造にトライするくらいだから、あなたにも多少の技術と常識があるものと思っている。ゆえに、あまりにも基本的なことは割愛させてもらう。器具のなかには、手近なもので代用したり、手を加えたりする必要があるものも出てくるだろう。

3　あなたが教師なら（あるいは、誰かと一緒に作業をするなら）、マシン製造にまつわるリスクを書き出して知らせ、もしもの場合に備えること。衛生面や感染症のリスクには特に注意すること。

必要な器具類は以下のとおり。

注　購入する器具同士が適合しているか（パイプと栓の直径など）、よく確認すること。私は実験器具メーカーのティムスター社のものをよく購入するが、どこで買ってもいいと思う）

- 投入電熱器
- スイッチング電源
- スタッカブル・バナナプラグ・ケーブル　4㎜（赤）
- スタッカブル・バナナプラグ・ケーブル　4㎜（黒）
- 液晶シール温度計
- 三角フラスコ　1ℓサイズ　3個
- 穴あきゴム栓（2穴）　3個

・塩化ビニールチューブ
・使い捨てシリンジ
・ゴムチューブ
・Y型チューブコネクター
・T型チューブコネクター
・ホフマン式ピンチコック　6個
・大型シリンジ
・平台スタンド、ステンレス棒
・両開きクランプ（カバーつき）
・ボスヘッド（固定器具）
・ガス・ジャー（ガラス製の筒。瓶などで代用可）
・ビーハイブ・シェルフ（気体収集に使われる陶器製の小型パーツ）
・丸型水槽

その他に必要なもの

・水槽（観賞魚用。幅41cm、奥行21cm以上）
・うんこ1ℓとぬるま湯500mlを混ぜたもの
・餌：全粒粉ビスケット、牛乳、粉砂糖

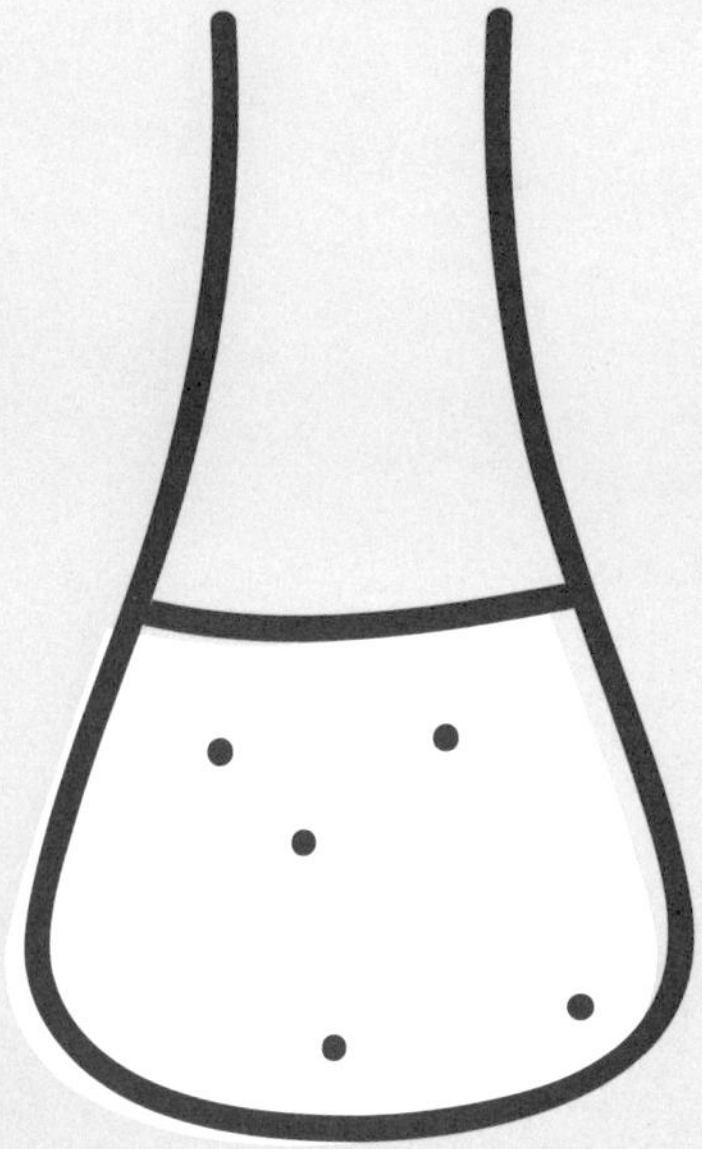

・風船

あるといいもの

・小型のマグネティック・スターラー（攪拌棒つき）　3台

おならマシンの下準備

1　器具類を1、2個のトレーにまとめて入れ、作業しやすくする。

2　水槽に液晶シール温度計を貼り、投入電熱器をスイッチング電源につないでから入れる（電源には水がかからないよう注意を払うこと）。水槽に水を張る。電源を入れて電熱器で水を温め、水温が37℃に保たれるようにする。水槽全体に軽い覆いをかけておく。

3　塩化ビニールチューブを30㎝の長さに3本切り、それぞれを別の穴あきゴム栓に挿しこむ。ゴム栓を三角フラスコにつけたとき、チューブの先端がフラスコの底に触れ、栓の上からは5㎝程度出

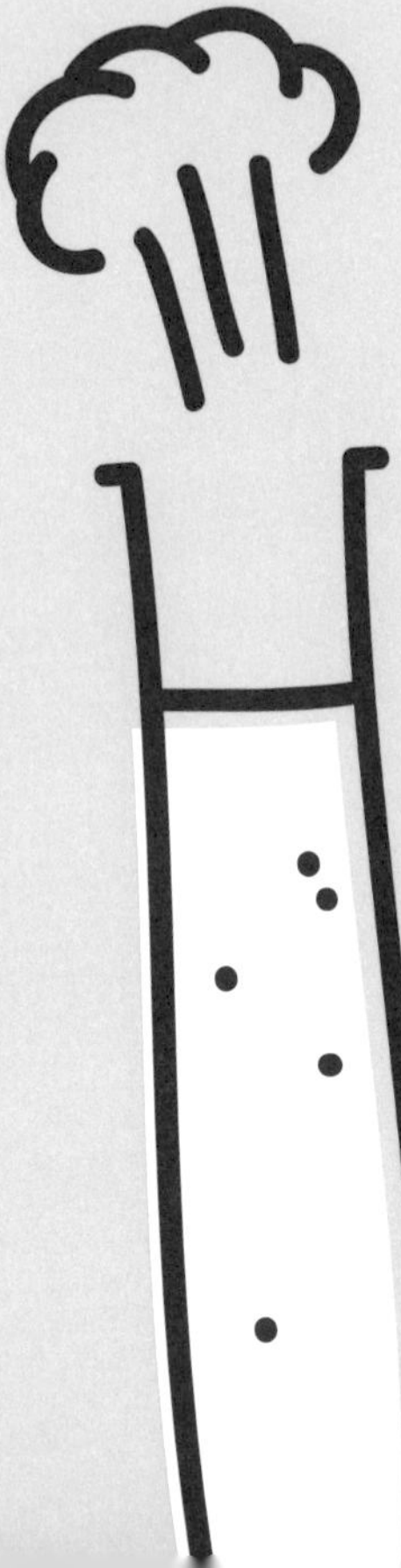

ているようにする。このチューブはガスを排出する役割をはたす。

4　塩化ビニールチューブを10㎝の長さに3本切り、穴あきゴム栓のもう一方の穴に挿しこむ。フラスコ内にはほんの少し先端を出すだけにして、栓の上からは最低でも5㎝は出ているようにすること。このチューブは餌やりに使う。

5　栓の上から出ている餌やり用チューブそれぞれに、ホフマン式ピンチコックをつけて締める。

6　ガス排出用チューブ3本はすべて、Y型チューブコネクターとゴムチューブを組みあわせ、1本のチューブにつながるようにしておく。このチューブの端にはT型チューブコネクターを取りつけ、一方には20㎝、もう一方には60㎝以上の長さのゴムチューブを挿しておく。これはガスを収集するシステムに使う。

7　保温した水槽の近くに丸型水槽を置き、水を張ってからビーハイブ・シェルフを沈める。平台スタンド、両開きクランプ、ボスヘッドを使ってビーハイブ・シェルフの上にガス・ジャーを逆さまに固定する。ジャーは水で満たしておく。

8　60㎝以上の長さがあるほうのゴムチューブの端を、ガス・ジャーの内部に入れて上を向かせる。20㎝のゴムチューブのほうには、大型シリンジか風船をつないでおく。

9　ガスが発生しはじめると、ガス・ジャーの内部の水が押し出されてガスが溜まっていく。それだけでなく、シリンジにもガスが溜まっていくので、それを分析などに使うといいだろう。シリンジを外すときはゴムチューブをつけたままで、先端をピンチコックで閉じてから抜くように気をつけること。

102 おならマシンの起動

1　ぬるま湯と混ぜたうんこを3つのフラスコに分けて入れ、しっかりとゴム栓をする。マグネティック・スターラーを使うなら、フラスコの真下に来るように水槽の下に並べて置き、攪拌棒は栓をする前にフラスコに入れておく。3つのフラスコを水槽に入れる。浮いてしまうようなら、テープで固定する。

2　2日間放置する。

3　20ｇの粉砂糖と、細かく砕いた全粒粉ビスケット2枚を混ぜる。そこに少しずつ牛乳を加え、どろりとした粘液状にする。これがおならの餌となるので、まとめて作って冷蔵庫や冷凍庫で保管しておくといい。

4　餌をやるときは、使い捨てのシリンジに餌を入れ、ゴム栓から出ている餌やり用のチューブにつなげる。また、ガス排出用のチューブに空の使い捨てシリンジをつなげる。ピンチコックを外し、餌をフラスコに入れたら、排出用チューブからフラスコの内容物を餌と同じ量だけ抜き取る。チューブをピンチコックで閉じてから、抜き取った内容物はシリンジごと捨てる。

5　最初の放置期間が終わったら、フラスコ1個つき5㎖ずつ量を増やしながら餌をやる。1日の量が30㎖を超えてはならず、この最大量に達した際は1日2回、1度に15㎖ずつに分けて与えること。

6　ガスの量は餌を増やすたびに増していくはずだ。最終的にはかなりの量になるが、もし前日と比べて急にガスの量が減るようなことがあれば、いったん餌やりを止めて様子を見る。そこでガスの量が回復すれば、また徐々に餌の量を増やすこと。

7　では、幸運を祈る。

「うちの女房は困ったもんだよ」ある男が言った。「誕生日だから、洒落たフレンチでも食べに行きたいって言われてな。だから仕方なく、めかしこんで出かけたわけだ」

「へえ。で、どうだった？」友人が訊く。

「あまりに値段が高くて目ん玉が飛び出たけど、まあけっこう旨かった。それにしても、えらく量が少なくてな。店を出て一発屁をこいたら、もう腹が減っちまった」

『おならの歴史（The History of Farting）』
ドクター・ベンジャミン・バート著
（シェルター・ハーバー・プレス社、2014年）

第4章
医学的に見たおなら

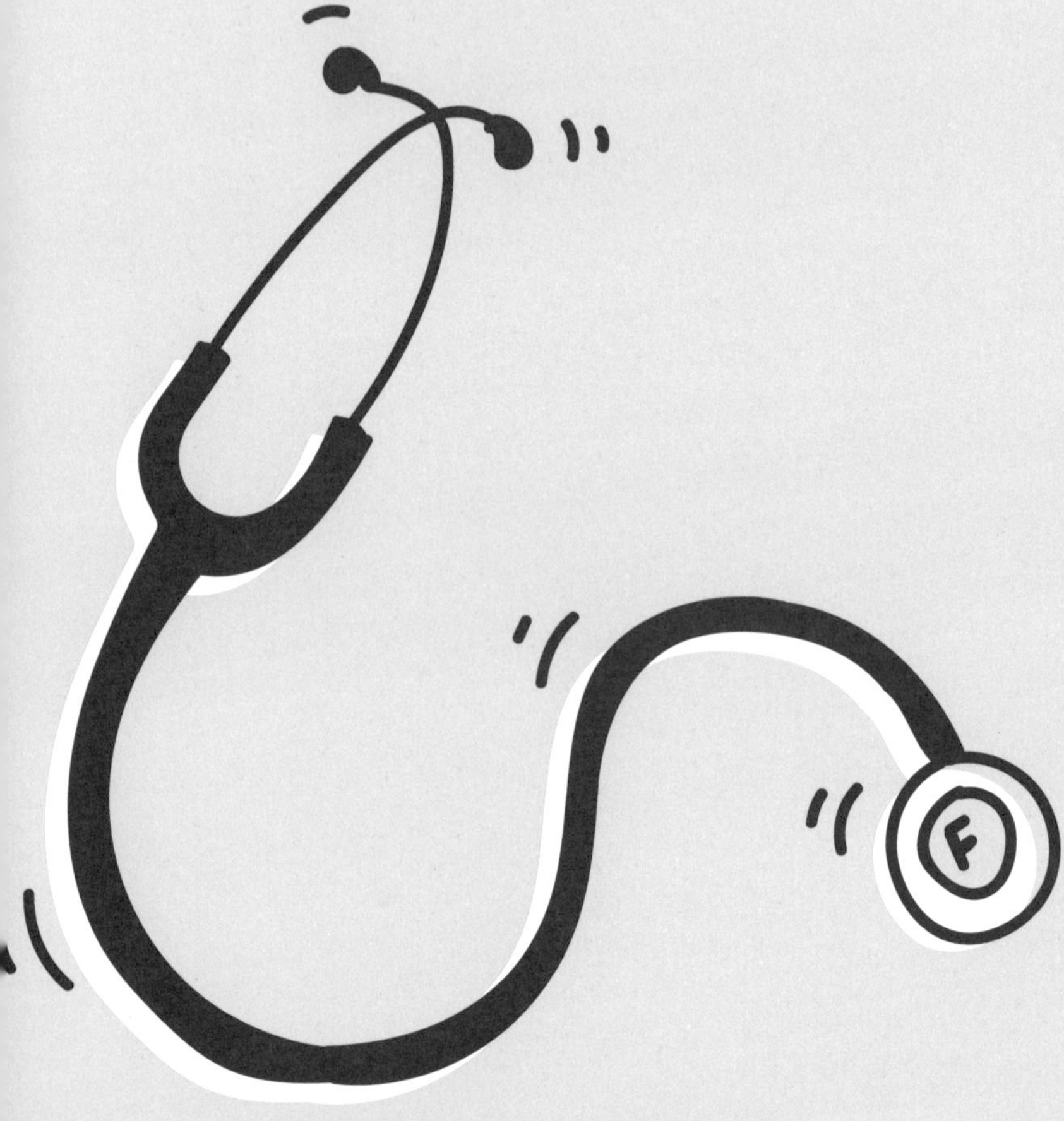

105

腸で何が起きているのか

私の体は美しい。外見はさておき、中身は驚くほどゴージャスだ。なぜ知っているのかって？　それは様々な種類のカメラを通して見たことがあるから。カプセル内視鏡のピルカムだって服《の》んだことがあるし、ＭＲＩも受けたことがある。どこかに病気があったわけではないが（あるとすれば、病的な好奇心のみ）、とにかく体の神秘を覗かずにはいられない性質《たち》なのだ。

胃カメラ（正式には上部消化管内視鏡検査）の検査では、小型のカメラを食道から胃、小腸の一部である十二指腸にまで挿入して内部を観察する。心地よい体験とは言いがたいが、非常に便利な検査なので、医師はとてもやりたがる。血液検査をしたり便の細菌を培養したりするのもいいが、臓器の内部を実際に覗きこむ方法に勝るものはないだろう。もしもあなたに、なんだか胃がおかしいとか、おならが変だとかいう症状があるとすれば、長いケーブルの先端に超小型カメラがついた機器にあいまみえる日も、そう遠くはない。

私は三種類の胃カメラ検査を受けたことがある。ピルカム、超細径内視鏡（経鼻対応）、それと通常内視鏡。どれも魅力的なものだった。まあ、少々ぶざまな姿をさらすのは否めないが。

ピルカム――カプセル内視鏡――は、ライトとカメラの機能をわずか2・5㎝のカプセルに詰めこんだ驚くべき代物だ。苦痛を伴うことなく、食物のように消化管を通過していく過程で、ライトが照らした部分を撮影していくという見事な仕組みになっている。他の胃カメラと違って十二指腸より先に進めるのが長所で、小腸、大腸を通り、直腸、肛門を通って外に出ていく。このカメラの短所とい

えば、機器をコントロールできないので狙った場所を見ることができないのと、潰瘍などの病変を必ずしも正確に撮影できるとは限らない点だろう。ちなみに検査後の二日間ほど、うんこの中に光るピルカムが入っていないかと探してみたのだが、見つけられなかった。なかなかやるな。もし見つけたら、拾いあげてもう一度飲みこもうと思っていたのに。

超細径内視鏡は、細いケーブルの先にライトとカメラがついているもので、鼻から挿入して食道を通り、その先へと進んでいく。私のときは椅子にすわったまま受けられたので、検査中におしゃべりすることもできた（したければの話だが）。鼻からカメラを通すのはやや不快ではあるものの、痛みはなく、医師もカメラをコントロールできるので狙った場所を見やすいようだ。短所は、鼻を通れるほどの小さいカメラだと解像度が低く、あまり鮮明に撮影できないという点だろう。

普通の胃カメラ、つまり上部消化管内視鏡検査は私の一番のお気に入りで、ここで登場してくるのが胃カメラ界の〝ドン〟だ。リップスティック大の高解像度カメラと細かいコントロールの利くケーブルを持ち、ライトはもちろんのこと、送水して粘液を流したり、送気して胃をふくらませ、撮影しやすくしたりと、様々な機能を持ちあわせている。さらに操作性にも優れていて、１８０度回転することで内臓のあらゆるくぼみやへこみを撮ることが可能となっている。検査を受ける際にはマウスピースをつけさせられるが、これは胃カメラを挿入する際にスコープを噛んだりしないよう、保護するためのものだ。コントロールはいくつものボタンやつまみで細かく行うことができ、経験豊

富な消化器専門医なら、映画のカメラマンに匹敵するほどの腕前がある。この検査の短所は、やはり患者の不快感が大きいことだろう。カメラは喉の奥を通っていかなければならないし、胃のなかでカメラが動きまわるのも感じとれてしまう。喉を刺激されて吐き気と戦い、胃に送気されてげっぷを耐えるのはなかなかつらいものだ。バナナ味の麻酔スプレーを吹きかけてもらうものの、喉に多少の痛みが残るのも避けられない。しかしながら、目をみはるほど高解像度の映像で、消化管の隅から隅まで映しだせることを思えば、この程度の苦労など屁でもないだろう。そして忘れてはいけないのが、この機器のお蔭で腹を切り開かずに検査できるということだ。

胃カメラ検査を受けることが決まると、怖がる人もいるかもしれないが、だいじょうぶ。ちょっとした不快感はあるものの、痛みはほとんどないし、驚くほどあっという間に終わってしまうのだ。私は友人で消化器専門医のフィル・ウッドランドとヘザー・フィツケ（それとザ・ロイヤル・ロンドン病院）の協力で、この上部消化管内視鏡検査を受けることができた。もしご興味がおありなら、YouTubeの〈Gastronaut TV〉をご覧あれ。

出すぎるおならを止めるには？

あまりにもおならが多すぎると感じているなら、量を減らす方法はいくつかある。ただし、自己責任でやってほしい。おならを抑えるのが必ずしも体にいいとは限らないから。

そもそも、本当に出すぎているのか

おならが多いと悩んでいる人が一番知るべきなのは、実はちっとも多くないという事実だ。健康的に消化が行われていれば、1日に0・5〜2・5ℓのガスが出るのが普通なのだ。その量の多さに、誰もが不満を抱えているようだが、べつに悪いことではない。

食事を変える

これが一番大がかりなことだが、同時にリスクもはらんでいる。食物繊維を減らすという方法があるが、イギリス人の1日平均摂取量はわずか18gで、理想は30gと言われている。あまりうるさいことは言いたくないが、肉や魚、乳製品は美味しくても食物繊維は含んでいない。食物繊維の摂取は心臓病、糖尿病、肥満、がんなどの予防になるし、消化器の健康も保ってくれる。一切摂らないとなると、便秘になるのは避けられないだろう。絶対に無茶はせず、医師に相談しながらということであれば、おならを減らすために次の方法を試してみるといいだろう。

- **少しだけ、豆類を減らしてみる（豆類にはオリゴ糖という複合糖質が含まれており、なかでもラフィノースはガスをよく発生させる）。**
- **少しだけ、繊維質の豊富な野菜を減らしてみる。キクイモ、キャベツ、カリフラワー、タマネギ、**

ニンニクなど。

乳糖分解酵素が不足している乳糖不耐性の体質であれば、小腸で乳糖が分解されずに大腸へと送られ、そこでガスを生成する細菌によって分解が行われる。そのため、こうした人々はチーズなどの乳製品を減らしたほうがいいが、他の食品からカルシウムを摂取することをお忘れなく。

空気を飲みこむ量を減らす注1

噛んだり飲んだりする際はゆっくりと。キャンディや鉛筆の頭を舐めることは控え、禁煙し、ガムを噛まないこと。

注1　どういうことかよくわからないって？　空気を吸うのと飲みこむ（呑気症と呼ばれる）のには大きな違いがある。息を吸うと、空気は食道の前にある気管を通って肺へと送られる。食べるときは、喉頭蓋（葉のような形をした軟骨組織）が気管に蓋をするので、食物は気管よりも細くてしなやかな食道を通り、胃へと送られるのだ。そんなわけで、食物が肺に入ることはできないが、空気は飲んだり食べたりする際に混ざりこんだり、唾液を飲みこんだりする際に胃に入ってしまうことがある。ある程度はげっぷで出ていくが、かなりの量が消化管を通っていき、血管に吸収されるか、おならとして排出される。だから空気を飲みこまないようにすれば、おならは減るだろう。少しは。

地に足をつける

飛行機に乗ったり、宇宙飛行士になったり、ロッククライマーになったりするのを避ける。なぜな

ら、高度が上がると消化管にも大いに影響が出るからだ。あるオーストラリア人の研究者によれば、ハイペースで登山してから8〜11時間経過すると、おならの量は2倍になるという。体内にある二酸化炭素が高所の気圧低下によって膨張し、直腸のガスが増え、おならの増加につながるのだ。

ちなみに旅客機は与圧という処理がされているものの、それでも高度800〜2400m程度の気圧にはなるので、登山と同じ問題が発生する。

ソルビトールを断つ

チューイング・ガムやシュガーフリーの食品を避ける（糖尿病などでない限り）。こうしたものにはソルビトールという甘味料が含まれており、小腸では消化されないため、大腸でガスを生成する細菌が喜び勇んで分解することになるからだ。

一度の食事量を減らす

少量の食事を数回に分けて摂れば、胃からゆっくりと食物が送られ、小腸でしっかりと消化を行うことができるので、大腸でのガス発生が抑えられる。

飛行機に乗ったとき、まわりの乗客の迷惑にならないかと心配しているあなた。だいじょうぶ。二酸化炭素の多いおならは、通常よりもニオイはかなり少ない。

炭酸飲料をやめる

ソーダなどはなるべく避けよう。二酸化炭素が溶けこんでいるので、おならの増加につながってしまう。

ミントを摂る

ペパーミントティーを飲もう。ＩＢＳの患者はミントを摂ることで、腸の活動やお腹の痛みを抑えられるということがわかっている。

医師に相談しよう

かかりつけ医に、次のようなものの効果を訊いてみるといい。

- α―ガラクトシターゼ。SF映画に出てくるリゾート地みたいな名前だが、実は糖脂質や糖タンパク質を分解する酵素のことを指す。
- プロバイオティクス。いわゆる善玉菌。やたらともてはやされているが、誰にでも合うわけではなく、試すなら自己責任でどうぞ。ただ、効果が実証されているものもある。
- アンティバイオティクス。なんだか危険な響きだが、他の微生物の生育を阻止または死滅させる物質で、抗生物質のことを指す。リファキシミンという抗菌薬は明らかにガスの生成を抑えることがわかっており、効果も長期的だという。

・シメチコン。消泡作用があり、腸内のガスをつぶしてくれる。急性下痢症にも効果があるという。

炭

活性炭タブレットを飲んでみる。なんだそりゃ、だって？　活性炭は高度な処理を経た多孔質の炭素で（スポンジ状で、非常に大きな表面積を持つ）、高い吸着性がある。とはいえ、おならへの効果には議論の余地が残る（だいたい、狙った物質を吸着してくれるとは限らない）。少なくとも、効果がなかったという報告は一例ある。

おならのニオイを減らしたい

1　アブラナ科の野菜（キャベツ、ブロッコリー、カリフラワーなど）を加熱しすぎないこと。加熱時間が長引くほど、野菜に含まれる硫化水素が増えてしまう。

2　ビールを避ける（男性のみ）。おならに関する数少ない研究の一つによれば、男性のビールの消費量とおならのニオイには大きな関連があるという。ちなみに女性だとこの傾向は低いそうだ。

3　肉とたんぱく質の多い野菜を避ける。たんぱく質が分解されると、含硫アミノ酸などのようにニオイを発する硫黄化合物が発生するからだ。

4　豆類を避ける。特に大豆とインゲンマメ。
5　ニンニク、タマネギ、アサフェティダ（セリ科の香辛料）を避ける。
6　脂肪の多い食事を避ける。
7　ペプトビスモル（胃腸薬）を服《の》んでみる。次サリチル酸ビスマスが含まれ、腸内の硫黄系ガスを抑えてくれる。
8　活性炭のクッションを敷いてすわるか、おなら消臭パンツを買ってみる。そんなものあるのかって？　まあ、お待ちを。

おなら消臭パンツなんて売っているのか

もちろん売っている。しかも効果抜群だ。とある真面目な研究によって、おならのニオイの元凶である硫黄系ガスを、活性炭シートがどの程度吸収できるかという調査が行われた。直腸を駆使したお上品とは言えない数々の実験を経て、研究者であるF・L・スアレス、J・スプリングフィールド、M・D・レヴィットの3人は次のように結果を報告している。〝硫黄系ガスは、人間の腸内ガスを臭くする唯一の要素ではないが、その大部分を占めるのは間違いない。活性炭シートは、そうした硫黄系ガスが環境へと放たれるのを防ぐ効果がある〟

このパンツは感心するほどよくできている。活性炭シートの入った特殊な裏地を使い、肌にぴったりと密着する素材で作られていて、腰と脚の部分は伸縮性の高いゴムが使われている。これを穿けば、どんなガス（よかれ悪かれ）も活性炭シートを通らずに出ていくことはできない。ここで使われている活性炭は、驚くほど微細な孔を無数に持ち、スポンジとほぼ同じ構造と考えてよい。たった1gの活性炭の表面積が約3000㎡に及ぶ場合もあり、大量のガスや液体を吸収できる（ガスそのものではなく、そこ含まれる微細な原子や分子、イオンを吸着するということだ）。活性炭は空気や水の浄化によく用いられ、それ以外にも毒物や薬物を過剰摂取した際の治療などに使われる（消化管内で毒物を吸着するため）。さらに下水処理場や、カフェインの除去、ガスマスクなど、様々な場面で活躍している。

おなら消臭パンツを穿くなんて、そんなダサいことはできないと言うあなた。ぜひともwww.myshreddies.comをご覧になってほしい。どの商品もスタイリッシュで、セクシーですらある。しかもパンツだけでなく、パジャマやジーンズまで取りそろえられており、効果も折り紙つきというのだから驚きだ。

おならを増やしたいんだけど

すでに食物繊維たっぷりの食事をとっているけれど、それでもおならが足りないって？　だいじょうぶ。まだまだ増やす秘訣はある。

空気を飲みこむ

おならの75％は飲みこんだ空気だというのは前述のとおりだが、もっと飲みこめばガスの量も増やせる。ある程度はげっぷで出ていってしまうが、それでもかなりの量は消化管を下っていくはずだ。食事は早食いを心がけ、鉛筆の頭なりなんなり、色々なものを舐めたり噛んだりしておけば、唾液の分泌が増えて空気も飲みこみやすくなる。ガムを噛むのもいい。

キャベツをよく茹でる

これはどちらかというとニオイを増やす方法だ。硫黄系の成分は、アブラナ科の野菜を加熱すればするほど増えるので、おならのニオイは強くなる。5分〜7分程度茹でれば2倍になる。味は悪くなるが、効果は抜群。

ガスたっぷりの飲料や食物をとる

食品業界の人々が商品に入れたがるものといえば、コストのかからない空気と水だ。炭酸飲料はもちろんのこと、カプチーノやココアに浮かんだ泡たっぷりのミルクもいい。多くの空気を含んだまま消化管を通っていき、やがてガスとして尻から出ていく。食べ物にも泡を含んだものはたくさんある。メレンゲ、ホイップクリーム、スナック菓子類、米やジャガイモが原料のデンプン、餅など。面白いことに、いわゆるエアイン・チョコレートなどは空気でなく窒素と二酸化炭素を吹きこんでいることが多い。まあ、気体であることに変わりはない。

肛門から空気を吸う

訓練を積めば、肛門から空気を吸いこんで自由自在におならを出すことも可能だ。フランスの放屁芸人、ル・ペトマーヌ（本名ジョゼフ・ピュジョール）はそのようにして、豊富なおならをコントロールしていた。体も特殊な上に、独特な能力をも持ちあわせていた人物なのだ。鼻を力いっぱいつまんで横隔膜を引っぱりあげると、その力によって肛門から空気を吸いこむことができたという。

私が子どものころ、やっていた方法を伝授しよう。残念ながら、いまはもうこれを試しても吸いこむことはできない。だが、できる人もいるはずだ。

1　あおむけに寝ころがり、両脚を90度上に上げて壁にぴったりつける。

2　脚をさらに高く上げ（尻の肉が締まらない程度に）、軽く開く（開きすぎると、やはり尻が締まるのでよくない）。

3　肛門を緩め、息をしっかりと止めて横隔膜を引っぱりあげ、胴全体を引っぱるイメージで動かす。

4　これで吸えなければ、さらに胸も引きあげ、尻の肉を広げたり、うつぶせになったりしてみる。

5　まあ、とにかくがんばれ。

大腸のストレスを放つ

すでにお腹が張った感じがあり、おならが溜まっているけれども出るきっかけがないとき、消化器専門医がおすすめする方法がある。体の左側を下にして横になり、右膝を曲げて〝シムスの体位〟（大腸の検査でよく使われる体位）を取る。そこからうつぶせになり、また左下の姿勢に戻るということを、何度も繰りかえす。この動きによって大腸が刺激され、おならが潜んでいる下行結腸（体の左側にある）に圧が加えられ、おならの放出につながるというわけだ。

ジャガイモ、バナナ、麦を避ける

おならファンであればこうした食材を避けたほうがいい。量は減らないが、ニオイが減ってしまうからだ。ジャガイモとバナナには難消化性デンプンが含まれ、麦にはフルクタンが含まれる。これらは腸内で非常によく発酵するため、腸内細菌も炭水化物の分解に忙しすぎて、たんぱく質まで手が回らなくなる。ということは、硫化水素はあまり発生しない。なんとも残念。

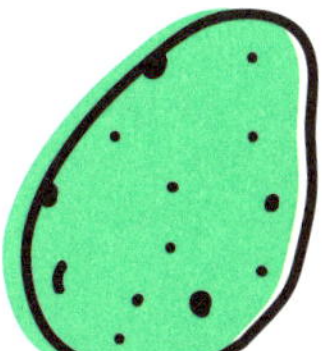

ジアルジア症に感染する

これは警告であり、感染を勧めるものではないので注意すること。ジアルジア（ランブル鞭毛虫）とは世界でもよく見られる寄生虫の一種であり、倦怠感、吐き気、腹部の張り、下痢、嘔吐、頭痛などの症状が出る。感染しても10％の人々は症状が出ず、汚染された便を介して広がってしまう。これにかかると一時的に乳糖不耐性となり、乳製品を摂るとびっくりするほどおならが増えるのだ。ただ、それだけのために感染するのは賢明ではないだろう。

どうしておならは恥ずかしいのか

(恥の心理学)

どんなに面の皮の厚いおならスペシャリストである私でも、TPOをわきまえないおならをしてしまうと恥を感じる。でも、それはなぜなのか。おならは体が健康に機能している証であり、自然なものなのに、あくびやくしゃみが出ると家族には同情されるが、おならだけは嫌な顔をされる。おそらくこれは、古代から恐れられていた〝瘴気《しょうき》〟(121頁参照)と関係があるのだろう。昔は腐ったニオイや悪い空気が、コレラなどの伝染病を広めると考えられていたのだ。おならは音で恥をかくだけではなく、病気や苦痛、死を連想させる悪臭を持つことから、危険なものだと忌み嫌われてきた。おならに害はないことが1850年代ころに判明しても、時すでに遅し。尻から出るガスと、病原菌がもたらす恐ろしい病のイメージは切っても切り離せなくなり、もはや名誉挽回は誰にもできなくなった。おならは社会に到底受けいれられない存在となり、その地位が定着してしまったのだ。

恥という概念は、ある行動が社会的に受けいれられるか否かで決まる(道徳的にいいか悪いかではなく)。それは、自分自身の根幹を揺るがしかねないほどの強い感情なのだ。いくら人間の作りあげた善悪の基準がおかしいと周囲を責めたくても、この恥の感覚を味わうのは周囲ではなく、自分自身だ。自分が恐れていることだからこそ、人は誰かの失態を責めたてる。とにかく恥を感じたら、自分を顧みることが大事なのだ。

恥を感じると人間はたちまち弱い存在になる。赤面し、汗をかき、保身に走り、神経質になり、笑ってごまかそうとし、焦りと動揺に揺さぶられる。それはなぜなのか。恥はなんのために存在するのか。ある説によれば、恥という感覚をあらわすことで、周囲の反感を和らげる効果があるという。おならをした人は、マナーについては重々承知していながら、それを破ってしまったことを悔いており、〝次からは絶対にやらない〟という態度を周囲に示している。恥の感覚をあまり持たない人々は、反社会的な行動に出やすいという研究結果もあるくらいだ。

社会には、意味のよくわからない暗黙のルールがたくさんある。室内では帽子をかぶらないとか、女性や目上の人が部屋に入ってきたら立ちあがるとか、左手でフォークを持って豆をすくってはいけないとか（これは私もできない）、公共の場でおならをしてはいけないとか。こうしたあいまいなルールは、階級社会の歴史に関連があり、上の階級に少しでも近づくべく、人々がこぞってマナーを真似していったという経緯がある。そうすることで、中流階級の人々は上流階級になんとかつながりを持とうと奮闘していたのだ。

ドクター・スースの絵本『スニーチズ（The Sneetches）』は、この階級社会に一石を投じる素晴らしい作品だ。〝スニーチ〟という鳥はお腹に星のマークがあれば上流、なければ下流という階級に分けられている。あるとき、星をお腹につける機械を作った商売人があらわれ、下流の鳥たちは次々に金を払ってお腹に星をつけていく。上流の鳥たちはこれに恐れをなし、下流との差別化をはかるため、星を取ることを望む。商売人は嬉々として、今度は星を取る機械を作って上流の鳥たちから金を取る。もちろん、下流の鳥たちもそれにならう。鳥たちは延々と星をつけたり取ったりを繰りかえし、どの鳥が上流か下流かもわからなくなり、商売人だけが儲かっていく。ようやく鳥たちは、階級での差別がばかばかしいことに気づき、全員が仲よくなって話は終わる。現実の社会も、これくらい簡単に問題が解決してくれたらいいのに、と思わずにいられない。

社会学者はまた違った見方をしている。マナーは社会の秩序を保つために必要であり、階級社会というものは、権力を集中させることで多数の人々が暮らす社会をまとまりやすくしている、と考えているのだ。私自身、マナーは好きではないが、必要なもの

であることはわかる。人々を殴りつけて従わせ、力で社会的な地位を得るよりは、マナーというあいまいな概念で社会における振る舞いを統一し、それに外れると恥などの制裁が加わるほうが、よほど平和的というものだ。私だって人を殴りつけたりしたくないし、マナーのほうがいいとは思っている。ただ、わかってはいても時々息苦しさを覚えてしまう。

おならに関しては、マナーを守るために我慢するというのはおかしな話だ。肉体的にも精神的にも不快だし、消化管の不調や苦痛につながる可能性もある。一度地に落ちたおならの名誉を回復するのは難しく、この状況が近々変わるとも思えない。それでも、あがいてみようではないか。

なぜ手を洗わなければいけないのか

悪臭は古代から忌み嫌われ、何百年にもわたって病の原因は悪臭であるとされてきたが、実は多くの病は単に手を洗えば防げるものだった。１８８０年代ころまで、伝染病は瘴気という、腐ったものが放つ悪い空気によって広がると信じられていた。悪臭の漂う汚水によってコレラの感染が広がったことも、この考えの一因となっていた。実際コレラの感染源は不衛生な水であり、空気やおならを介して感染することはないのに、そのことは１８５４年まで人々に知られることはなかった。その年、ジョン・スノーという医師が真の感染源を突きとめたのだが、多くの人々がその説を信じず、１８５０年代はロンドンやパリでのコレラ流行が止まらなかった。

フローレンス・ナイチンゲールはイギリスの看護師で、近代看護教育の母と呼ばれる。先進的な考えの持ち主だったナイチンゲールは、クリミア戦争の勃発した1854年に、死亡率を低くするもっとも安価で効果的な方法は、手洗いと衛生面の管理であることを提唱した。もちろん、この説は正しかった。

しかし、その精神はいまでも守られているだろうか？ 怪しいところだ。トイレに行ったあと、手を洗わない人々の数を調査したところ、その結果はショッキングなものだった。2015年にヨーロッパで大規模に行われた調査によれば、男性の62％、女性の40％がまったく手を洗わないという結果が出ている。こうした人々に比べると、私は潔癖な手洗い職人のようなものだが（ただし子どものころは、手洗いなど負け犬のすることだ、とイキがっていた）、国民医療サービス協会が推奨している15秒間の手洗いまでは、さすがに徹底できていない。

お説教はもうたくさんだ、大人なんだから放っておいてくれと言うそこのあなた。手洗いの敢行に

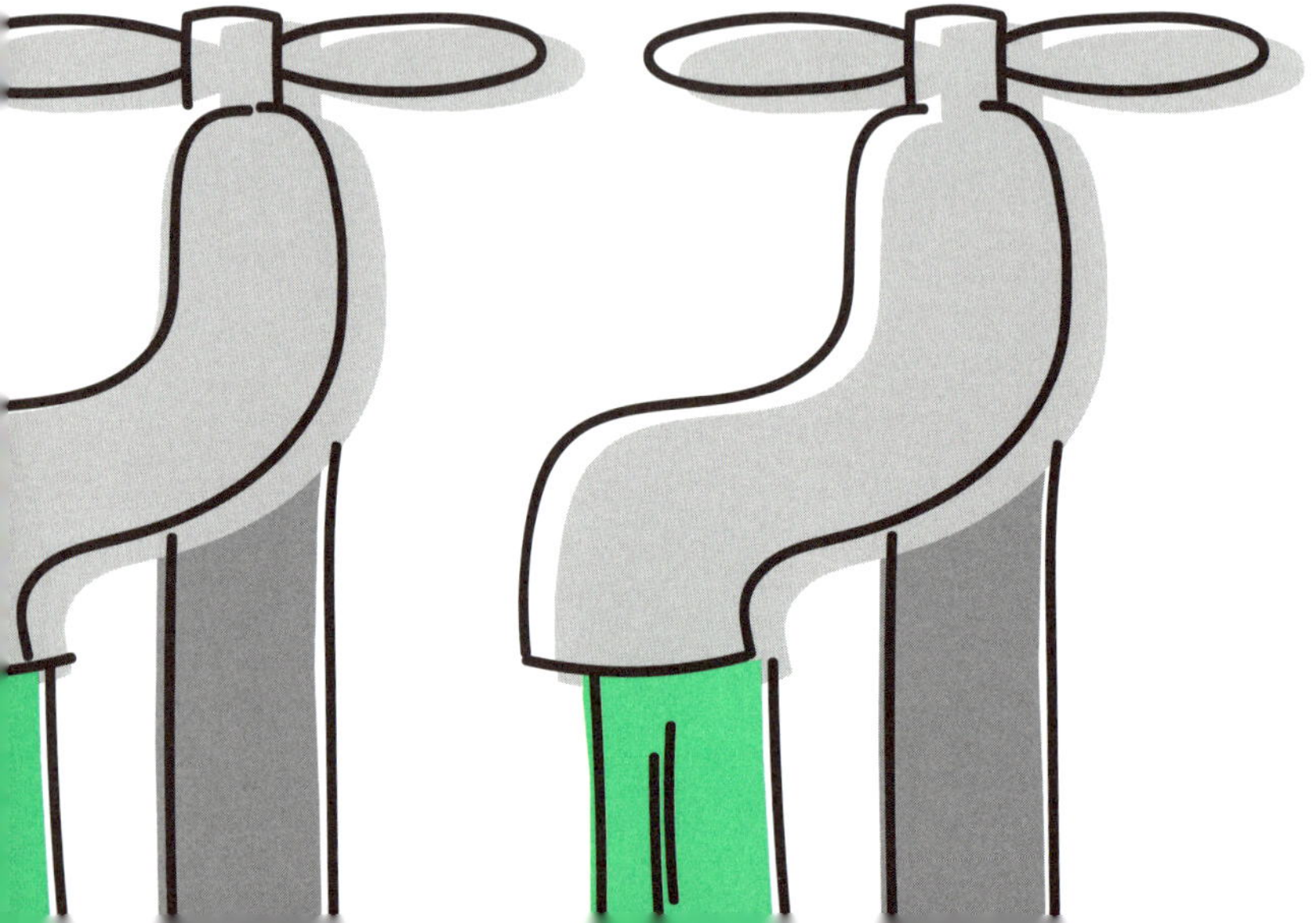

よって下痢の発症は30%も抑えられるし、食中毒の50%が不衛生な手によって引き起こされているのだ(アメリカ疾病管理予防センター《CDC》のホームページに、〝科学の謎を教えて〟というコーナーがあり、多くの研究結果とリンクしているので読んでみるといい。あなただけでなく、友達や家族を守ることにもつながる)。石鹸を使った手洗いをまめに行うことは、下痢、肺炎、その他の重篤な呼吸器系疾患を防ぐための、もっとも効果的で安価な方法なのだ。そして5歳未満の子どもの単一の死因としては、肺炎が世界で第一位であることを覚えておいてほしい。

さらに意識すべきなのは、汚れた手で誰かに触れることで、他人に病気のリスクを与えてしまうことだ。いくらその相手が真面目に手洗いを敢行していたとしても。あなたは健康で、ちょっとした病気ならすぐに回復できるとしても、肌の表面から細菌がべつの人にうつったとき、その相手も健康とは限らない。それがお年寄りだったり、病人だったり、幼い子どもだったりしたら、悲惨な結果につながりかねない。さあ、目を覚まそう。悲劇なんて起こしたくないだろう?

細菌の驚くべき力は、いともたやすく二次感染を起こすことにある。ある人の手が細菌に触れたあと、ある場所をさわり、そこをまた他の誰かが手でさわって、その手で唇に触れるだけでうつってしまう。

細菌はこのように、広範囲にわたって広がっていく。〈ボディハッキング〉という大規模なサイエンス・ショーで、私たちはこんな実験をしてみた。かつらにUVライトで光る粉末を振りかけ、それをロボットにかぶせて会場を動きまわらせる。かつらをロボットから奪って投げあうように観客に言うと、多くの人々がかつらに触れ、結果的にその手で口や鼻、他の観客の体に触れることになった。

そのあと、会場の照明を落とし、強いUVブラックライトで観客を照らし、粉末の広がり具合を見てみた。結果は驚くべきもので、粉末は想像以上に広い範囲に飛び散っていて、人々が触れた場所からずっと遠くにも飛んでいた。二次感染の実証にはとても役立つ実験だったが、いい面ばかりでもなかった。暗闇のなかで、こっそり誰かをおさわりしたのがバレたりして、トラブルが起きたとか起きないとか。

おなら以外のさまざまな生理現象

しゃっくり

しゃっくりは横隔膜が意図せずに痙攣する現象であり、私の一番下の娘がひどいしゃっくりによく悩まされている。いったん始まると、一定の間隔で出つづける。これを脳がコントロールできないのは、いささか面白い。体の一部が勝手に動きだしてしまうのは、迷走神経や横隔神経の働きによるものだ。〝しゃっくりはいったいなんのために出るのか〟という疑問は、生物の進化にはかならず意味があると考える人々をずっと悩ませてきた。

ただ、まったく答えがないわけではない。しゃっくりは哺乳類にしか起きないものだが、水中と陸上の両方で生活していた両生類時代の名残りという説もある。オタマジャクシの呼吸はしゃっくりと似ている（絶対カエルに生まれたくない数多くの理由の一つだ。まあ、おとぎ話みたいにお姫様にキスしてもらえるならいいけれど）。また、幼い子どもが飲みこんでしまった空気を吐きだすのに役立つという説もある。しゃっくりを抑える効果的な方法はなく、どうしてもと言うなら鎮静剤を打つか、横隔神経を切除してしまうしかないが、そんなことをしたら呼吸に支障をきたしてしまうので現実的ではない。だが、『内科学ジャーナル』に発表された論文によると、直腸に指を挿入して根気強くマッサージすると、効果が出る場合もあるらしい。なるほど。娘にこれをやってあげるのが、親の愛なのだろうか。うーん、まあ、遠慮しておこう。

126

あくび

この悠々としたのんきな生理現象は、ジャンル分けするとしたら〝面白そうだけど、お金になりそうもないので医学的リサーチをする価値はない部門〟に当てはまる。深く息を吸いこみ、顎を大きく開け、目を閉じ、鼓膜が伸びたあと、息を吐きだす。疲労やストレス、退屈などによって引き起こされる現象だ。あくびの出る原因としては数多くの説があるのだが、なかでも私が好きなのは〝脳を冷やすため〟というものだ。だが、原因なんてわからないほうがいい。もしも原因が特定されてしまったら、誰かがあくびを止める方法を発見しかねない。私はあくびが大好きなので、そうなったら困る。

くしゃみ

くしゃみはやはり意図せずに出てしまうものだが、多少は自分でコントロールできる。とはいえ、おすすめするわけではない。大きなくしゃみを抑えようと鼻をつまみ、口を閉じると、鼻腔に裂傷ができたり、鼓膜が破れたり、目の血管が切れたり、肋骨が折れたり、脳動脈瘤ができたり、胸部の組織や筋肉に気泡が生じたりしてしまう。どれも実例があるものだ。

くしゃみが出るのには正当な理由がある。鼻の粘膜に付着した異物を外へ押しだすのだ。異物によってヒスタミンという物質が放出され（そのため、花粉症の薬には抗ヒスタミン剤が含まれている）、鼻の神経細胞が脳に電気信号を送って、意図せずに、かつ突然に、顔と喉と胸が同時に動いてしまうのだ。

この妙な生理現象には、さらに妙な面がいろいろとある。食べすぎるとくしゃみが出る人々がいたり、耳の聞こえない人々のくしゃみは比較的静かだったり。また、くしゃみの表記は国によって異なり、英語圏だと〝アチュー〟、フィリピンでは〝ハーチン〟など、バラエティに富んでいる。

お腹がゴロゴロ鳴る

専門用語だと〝腹鳴《ふくめい》〟と呼ばれるこの現象は、腸内を液体や気泡が通るときに起きるものだ。また、ゴロゴロという音は胃が空っぽになってから2時間経つと鳴ることもあり、その際に蠕動運動が起きて腸内のものを押しだそうとする。胃が出す音は空腹感を刺激すると考えられている。お腹が鳴るのは恥ずかしいと感じるかもしれないが、これはまったくもって自然な現象なのだ。

げっぷ

げっぷは社会的にはおならよりもわずかに地位が高いが、あくまでもわずかだ。おくび、噫気《あいき》などとも呼ばれ、胃や食道に入ったガスを放出する自然な生理現象だ。しゃべったり食べたりした際に空気を飲みこんだり、食べ物や飲み物、特に炭酸飲料にガスが入っていたりすることがげっぷの原因となる。赤ん坊はミルクを飲む際に空気を飲みこみやすく、げっぷを出さないと不快感を覚えてしまう。ただ、こうした空気の全部をげっぷで出すことはできず、残りは消化管を通って出ていくことになり、おならの75%は飲みこんだ空気が占めている。牛は反芻を行うために多くのげっぷを出すが、消化管にメタン生成菌を持つため、そのげっぷはメタンの含有率が非常に高い。

第5章
おならにまつわるトリビア

129

世界の偉大な放屁芸人

ミスター・メタン

ミスター・メタンは素晴らしい芸人だ。世界でもっとも有名な現役の放屁師で、緑と紫のスーパーヒーロー然とした衣装に緑のマスクをつけ、直腸を自由自在に操る能力を持つ。彼は1分もの長いあいだ、おならを出しつづけることができ、キャンドルの火を消したり、肛門から吹き矢を吹いて風船を割ったりできる（さまざまな驚くべき動画がYouTubeにアップされている）。しかし、彼がただの騒々しくばかばかしい芸人だと思ったら大間違いだ。ミスター・メタンは身長2mと非常に長身で、マックルズフィールド出身の落ち着いた50代のイギリス人男性であり、本名はポール・オールドフィールドという。とても知的で礼儀正しく（うんこのことを〝お通じ〟と言ったりする）、マックルズフィールド特有のアクセントで英語を話し、クールな表情でジョークを言う。

ポールが自分の才能に気づいたのは（本人によれば、才能が自分を見いだしたらしいが）15歳のときだった。姉と一緒にヨガのポーズを取ろうとしたとき、体をねじったせいで特大のおならが出たのだ。それ以来、おならを操ろうと試行錯誤を繰りかえしていたが、ある日とうとう父親に〝いいかげんにしないと、漏らすぞ〟と忠告されたという。時おり学校で芸を披露する以外、この特殊能力は日の目を見ることなく、何年もの月日が流れていき、ポールは鉄道会社で見習い運転士として働いていた。が、ある日転機が訪れる。友人に連れられて、ポールは地元のバンドである〈スクリーミング・ビーヴァーズ〉のライブに行き、そこでステージに引っぱりあげられ、観客の前ではじめて放屁芸を披露

する。その後は〈ザ・マック・ラッズ〉というロックバンドとコラボレーションし（職場では絶対にかけないほうがいい曲だ）、ミスター・メタンという芸名を名乗り、輝かしいキャリアを歩みはじめた。ワールド・ツアーも行い、世界中で絶賛と酷評を浴びた。

ポールはまず、ステージの3時間前に排便して大腸の調子を整え、それからあおむけに寝て括約筋を広げ、横隔膜を引きあげ、肛門から呼吸するように空気を吸う（ちなみに、本人もどういうメカニズムかくわしくはわからないそうだ）。ただ、立ったまま空気を吸おうとすると上行結腸と横行結腸に空気がとどまり、痛みを感じてしまうらしい。もしも彼のステージのチケットが取れたり、偶然見る機会があったりしたら、楽しめること請けあいだ。〈美しき青きドナウ〉に合わせた直腸の歌声は、息を呑むほど素晴らしい。

ル・ペトマーヌ

世界でもっとも有名な没後の放屁師と言えば、フランスのル・ペトマーヌだろう。本名はジョゼフ・ピュジョールといい、1857年にマルセイユで生まれた（ちなみにル・ペトマーヌとは、ざっくり言うと〝おなら狂〟という意味だ）。石工の息子だったジョゼフは、海で泳いでいるときに自分の才能に気づいた。深く息を吸って海に潜ったとき、肛門が冷たい水を吸いあげたのだ。20歳で軍に入隊してからも、長いおならを出してみたり、音色を変えられるように訓練したりして、尻で歌えるほどになった。

1880年代半ばには国内で放屁芸を披露するようになり、1892年には、かの有名なパリのムーラン・ルージュに採用された。たちまち人気者となったジョゼフは、わずか2年でフランス一稼ぎのいい芸人となった。一度の公演で2万フランも稼いだとも言われている。様々な種類の放屁芸があり、まずは〝新妻の初夜のおなら（控えめなかわいらしい一発）〟、次に〝数カ月後の妻のおなら（爆発音のような一発）〟と続くのが常だった。動物の鳴き声を真似したり、フルートを吹いたり、尻から煙の輪を吐きだしたりして、最後にはフランス国歌に合わせて尻で歌い、キャンドルの火を消して締めくくった（ミスター・メタンは一流の芸をここから学んだのだろう）。あまりにも面白いので、笑いすぎて呼吸困難に陥ったり、ふらついたりする観客のために看護師が待機していたとか（あくまでも噂ではあるが）。すっかり有名人となり、芸術家のルノワールやマティスとも親交があったそうだ。しかし1914年に勃発した第一次世界大戦がきっかけで引退し、元々の職業であったパン屋に戻り、88歳で没した。

ローランド

中世の偉大な放屁芸人ローランドは、12世紀に宮廷音楽家の一人としてヘンリー2世に仕えた。いつも芸の最後には、〝飛び跳ね、口笛を吹き、屁をこく〟という3種の動作を同時に披露して締めくくったそうだ。王に寵愛され、サフォーク州のヘミングストーンに40ヘクタール以上の荘園を与えられたが、ヘンリー3世に代替わりすると、放屁芸に無関心だっ

た王にすべて取りあげられてしまったという。

歴史上のおなら

歴史上もっとも悪名高いおならは、1世紀に生きた政治家フラウィウス・ヨセフスの著書『ユダヤ戦記』に記されたものと考えられている。エルサレムで過越の祭り（ユダヤ教の行事）が行われていた際、ある無作法なローマの兵士が屁をこき、それがきっかけとなって暴動や大混乱が起き、1万人が死亡したという。兵士がユダヤ人を侮辱したのか、単に尻が緩んだのかは議論の余地が残るところだが、おならの影響力は本当に侮れない。

権力者がかかわった例としては、ヘロドトスの歴史書に記述がある。あまり有名でないエジプト王の一人アプリエス王は、紀元前596年頃、側近であったアマシスが反乱軍に寝返ったため、使者のパタルベミスをやってアマシスを連れ帰ろうとした。これに対し、アマシスは屁をこいて、それを王に届けよと言ってのけた。アマシスを連れずに帰ってきたパタルベミスを見て、憤慨した王はその鼻と耳を削いでしまう。この残酷な仕打ちに、王のもとに残っていたエジプトの民も大いに怒り、アマシス率いる反乱軍に加わってしまう。やがて王はついに反乱軍に敗北し、捕らえられて処刑され、王位を奪ったアマシスがイアフメス2世としてエジプトを統治することとなった。

ギリシャの哲学者・数学者であるピタゴラス（紀元前570年頃―495年頃）は、数学と哲学、宗教を信条とするピタゴラス教団を組織した。ピタゴラスは信徒たちに豆を食べることを厳しく禁じたと言われているが、その理由はおならを嫌ったからとか、おならによって魂が抜けることを恐れたからとか、もろもろの説がある。もしかすると、輪廻転生を重視していたピタゴラスは、豆が悪影響を及ぼすことを恐れたのかもしれない。

ヒトラーは慢性的かつ重い胃腸炎を患っていたため、おならも病的に多く、ありとあらゆる種類の薬を処方されて服用したという。そして、それが狂信的な行動につながったのではないかという説もある。確かに消化器系に深刻な問題があったのは間違いないようだが、それだけではなく、数多くの病を抱えていたらしい。梅毒、単睾丸（死後に解剖したところ、睾丸が1つしかなかったらしい）、メタンフェタミン中毒（ノーマン・オーラー著『ヒトラーとドラッグ：第三帝国における薬物依存』参照）などを抱えていたことを知ると、ナチスの指導者は恐ろしいというよりも哀れな存在で、第三帝国も実は薬物漬け集団にすぎなかったことがわかる。

ベンジャミン・フランクリンはアメリカ合衆国建国の父の一人であり、学者、政治家として数々の功績を残した。新聞記者、編集者を経て印刷業を営み、発明にも力を注いで遠近両用眼鏡や避雷針を考案したほか、郵便総局長を務めたこともある。フランクリンは駐仏大使であった1781年、〈誇りを持って屁をこけ（Fart Proudly）〉または、〈王立放屁アカデミーへの書簡〉という題の風刺エッセイを残している。それによれば、〝どの国でも知られていることだが、食物を消化する際には、人類の大腸において、実に多大なる量のガスが生成または生産されるのである〟ということだ。そしてフランクリンは、忌まわしいおならのニオイを〝和らげるだけではなく、香水のように芳しく〟するような薬の開発を提案している。

このエッセイはヨーロッパの学術主義が大げさなものであり、現実離れしているという皮肉をこめて書かれたものだ。風刺エッセイなので、おならの研究を真面目にすすめているのではなく、むしろその逆で、当時の科学の研究は無駄なものばかりだという意味がこめられている。

そこで物申したい。風刺は誰だって好きだと思うが、フランクリンのはちょっと的外れだと思う。このエッセイが書かれた1781年、〝大げさで現実離れ〟しているという科学界で起きたことを見てみよう。

- 天王星がウィリアム・ハーシェルによって発見され、王立協会に報告された
- 神経線維がF・フォンタナによって発見された
- コールタールの製造方法が特許として認められた
- モリブデン（金属の一種）がペーター・ヤコブ・イェルムによって単体分離した
- 110もの天体を収録した〈メシエ天体カタログ〉が発表された
- ピエール・メシャンが数々の銀河を発見した。惑星状星雲、散開星団、球状星団、矮小銀河であるNGC5195（子持ち銀河と呼ばれるM51の伴銀河）なども発見している

これらすべてが1年のあいだに起きている。1781年、ヨーロッパで。おーい、聞いているかい、ベンジャミン？

135

ネット上の歴史的おなら

インターネットには、TVの生放送中に期せずして出てしまった最高のおなら動画が溢れている。ここで告白するが、実は私は時々この手の動画を（特に原稿の締切が迫っているときなどに）1時間も観てしまうことがある。個人的なお気に入りは、美人インストラクターが3人の美女を従え、ストレッチのエクササイズをする〈Love Your Body〉という番組だ。インストラクターが次の動きをするために脚を広げようとしたとき、低音で絶妙なトーンのおならが漏れ、全員が床に転がって大笑いするのだ。また、クレア・デインズが出演中のドラマシリーズについてベット・ミドラーと真剣に語りあっているとき、ウーピー・ゴールドバーグが盛大なおならで話の腰を折る場面も最高だ。この手の演出があったとは。

なお、何があっても〝赤ちゃん　おなら　びっくり〟と検索するのだけはやめたほうがいい。

文学上のおなら

歴史上に記録のあるもっとも古いジョークは、紀元前1900年頃に書かれたおならに関するものだという。[注1] 以来、多くの偉大な作家が作品のなかでおならを描いている。題材としてこれほど適したものはない。自然の摂理であると同時に下品で、侮辱と解釈することもできるが、汚すぎるわけでもない。生々しいが性的ではなく、生物学と自己嫌悪という、まったく異なる要素を併せ持つのがおならなのだ。古代ギリシャの喜劇作家であるアリストパネースの作品『雲』（紀元前423年）、『蛙』（紀元前405年）のいずれも、おならを描写しており、それもちょっと触れている程度ではない。おならの轟く音を〝パパパパッ〟と具体的に表現までしているのだ。古代ローマの詩人セネカ（紀元前1年―65年）やホラティウス（紀元前65年―紀元前8年）もおならを題材にしている。

注1　次のような文だった。〝太古の昔から不変の事実がある。それは、新妻は決して夫の膝の上で屁をこかないということだ〟なるほど。でも、ジョークと呼ぶほど面白いか？

チョーサーの『カンタベリー物語』は1386年から1399年頃にかけて執筆され、イギリス人なら誰にとっても、学校で読まされる退屈な本というイメージがある。ただし、お下劣な〈粉屋の話〉はべつだ。教区書記の男が、女の唇だと思って毛深い尻の穴にキスさせられたり（〝女に髭が生えているのはおかしい〟と男は気づく）、特大のおならをかまされたり、恋敵の尻に焼けた鋤を叩きつけたりと、とにかく品のない描写が続き、気づけば楽しく読んでしまっているのだ。〈刑事の話〉では、托鉢僧のあいだでおならをどう分けあうかが描かれている。

シェイクスピアはおならを婉曲的に描きつつ、驚くほど重きを置いている。もっともわかりやすいのは軽快な『間違いの喜劇』に出てくる台詞だ。〝減らず口ってのは、屁みたいなもんだ。尻から出すかわりに、正面から顔に吹きかけるのさ〟いやはや、なんとも品がない。ちなみにこの作品は、こんな台詞が延々と続いていく。

　文学上のおならで私が特に気に入っているのが、ジョナサン・スウィフトの著作だ。尊大な権力者を痛烈に風刺している『放屁の利点について（The Benefit of Farting Explain'd'）』（１７２２年）という冊子がある。このなかでスウィフトは〝放屁という価値の低いもの〟とおならをけなしながらも、フランス人のおならとうんこは、イギリス人に比べて情けないほど貧弱だとこき下ろす。ちなみにこれは教会が発行した『断食の利点について（The Benefit of Fasting）』という冊子のパロディであり、かなりきわどいユーモアに満ちているのだが、あくまでも真面目を貫き通す文体に終始していて、それがまた笑いを誘う。ちなみにスウィフトの筆名は〝ドン・ファーティ《おなら》ナンド・パフィンドースト、臀部学教授、放屁大学〟と徹底しており、ここまで来ると清々しいほどである。ちなみに、タイトル・ページだけで次の通り。

　ハー・ファート《おなら》州のダンプファート（湿ったおなら）夫人の要望により英訳。訳者：オバデヤ・フィズル《すかしっぺ》、サルディニア島アース《おけつ》ミニの王族出身。発行人：サイモン・バムババッド。発行所：アイルランド、ロングファート（長いおなら）、ウィンドミル、トワットリング《なんちゃって》通り。

　さらにスウィフトは冊子内で、おならをニオイや量などの特徴から5種類に分類し、それぞれを次のように描写している。第１：轟音かつ活発な屁、第２：連続の屁、第３：柔らかなすかしっ屁、第４：湿っぽい屁、第５：こもった陰湿な屁。

　イスラム圏の民話を集めた『千夜一夜物語』には〈アブ・ハサンが屁をした話〉という愉快なエピソードがあり、それ以外にも多くの文豪がおならを題材にしている。ダンテ、マーク・トウェイン（歓談に興じる余り、期せずして屁をひり、強烈かつ芬々《ふんぷん》たる臭気が撒き散らされれば、身をよじらんばかりに諸人が笑いこけ……という文が頭から離れない)、ラブレー、ベン・ジョンソン、ヴィクトル・ユーゴー、バルザックなど。

さて、〝おならについて書くことは、品が悪すぎるのか?〟と訊かれたら、私は〝決してそんなことはない〟と答えるべきだとずっと思っていた。だが、どうやら違ったようだ。ジェイムズ・ジョイスの手にかかったら、おならは徹底的に卑猥かつ下品きわまりないものとなり、しかも彼はそれを恋文にしたためたというのだから信じられない。読んだときは、私ですらショックを受けたものだ(この一文で、事態の深刻さがわかるだろう)。昨年1年間、検索エンジンにひたすら〝anus(肛門)〟と打ちこんできたこの私が。なお、この検索結果は見ないほうがいい。警告はした。本当に、見ないほうが身のためだ。

おならスラング一覧

おならをあらわす豊かな言語表現は、偉大な作家から無名な物書きに至るまで、多くの人々によって書き散らされてきた。一般に浸透していったものもあれば、消えていったものもある。傑作選をここに集めてみた。

婉曲表現　トップ10

1　散歩でもどうだい、ドナルド
2　茶色い雷鳴
3　歯なしの話
4　尻ダンゴ
5　泥んこのカモ
6　暴走族
7　驚きの轟《とどろ》き
8　蛙を踏んだ
9　ファイナル・ブラスト現象
10　猟犬を放つ

なんとなく品のいい響き　トップ10

1　エア・チューリップ
2　ブリトーが呼んでいる
3　叫ぶクモ
4　フワフワちゃん
5　パールの首飾り
6　スモーク・パンツ
7　地響き
8　お偉いさんの出獄
9　ウサギを撃つ
10　下町どんちゃん騒ぎ

140

子どもウケした表現　トップ10

1　ネズミがうるさいなぁ
2　ワンワンが鳴いたかな
3　アヒルふんじゃった
4　ガスバーナー
5　ホット・クッション
6　ぽっちゃり玉
7　よろこび大爆発
8　お尻のげっぷ
9　チーズを切る
10　茶色い雲

あまりクサくなさそうな表現　トップ10

1　目覚める尻
2　ネズミを叩く
3　尻ボンゴ
4　グレービー・パンツ
5　尻ラッパを鳴らす
6　尻いぶし
7　ディナー・ゾンビ
8　尻風船
9　尻トレモロ
10　悪徳肛門の仕業

世界ではおならをなんと呼ぶ?

1　フランス語　ペット
2　ドイツ語　フルツ
3　イタリア語　スコレッジャ
4　ロシア語　ペルディット
5　ワロン語　ブロドラー
6　ウェールズ語　レーヒ
7　スワヒリ語　ジャンバ
8　スペイン語　エルペド
9　ヒンディー語　パーダナ
10　アラビア語　ドゥルタ

オックスフォード英語辞典による定義

Fart（動詞、名詞）　動詞:1　肛門から屁を放つ。2　（about や around を伴って）愚かに振る舞う、時間を浪費する。名詞:1　肛門から放たれる屁。2　不愉快な人物。（古英語・ゲルマン語派の動名詞、feorting に由来する）

素晴らしい友人であるアンドレア・セッラ教授に多大なる感謝を。彼は私の電話帳に〝化学マニアのワーカホリック〟という名で載っている。食物に科学的な面からアプローチし、われわれが口にするものについて新たな切り口で語るというアイデアを、彼のお蔭で得ることができた。数年前、セッラ氏とともに〝おならの科学〟をテーマとしたステージ・ショーを企画し、観客をチビらせるほど爆笑させ、みんなで様々な分野の科学について学んだことは本当に特別な機会だった。これほど科学が一般に受けいれられていることは、イギリスの大きな誇りだ。そしてチェルトナム・サイエンス・フェスティバルでステージ・ショーの機会をいただき、数多くの熱意ある団体の協力を得て、はちゃめちゃで愉快なパフォーマンスをしつつ、科学の知識を広げられたことに心から感謝したい（特に、マイク・ゴドルフィンに）。

多くのおならファンが本書に様々な形で協力してくれた。ヘザー・フィッツケ、マーク・リスゴー、ムハンマド・サディク、クリス・クラーク、ヒュー・ウッドワード、チャーリー・トリブル、セオ・ブロッサム、フィリップ・ウッドランド、アレックス・メニウス、スティーヴ・ピアース、ポール・マクナイト、イワン・ベイリー、ブロディー・トムソン、イライザ・ヘイゼルウッド、ジャン・クロクソン、ボラ・ガースン、ルイーズ・レフトウィッチ、ニコラス・カルーソ、ダニエラ・ラバイオッティ、シェリ・マルテッリ、そしてジーナ・コリンズ。

サラ・ラヴェルは、おならに取り憑かれた私のために、品のいい出版社であるクアドリール社の名に泥を塗るような本を出すことを認めてくれた（そして社員の半数の前で放屁すらさせてくれた）。ハリエット・ウェブスター、ケイシー・スティアーほかクアドリール社のみなさんと、最高の装丁をデザインしてくれたルーク・バードにも感謝したい。

愛しい私の娘たちにも、ありがとうと言いたい。デイジー、ポピー、ジョージア。本書の執筆のために、鼻の曲がるような数々のニオイを我慢させることになり、本当にすまなかった。

最後に、私のショーを観に来てくれた素晴らしい観客のみなさんに感謝を。Gastronautチームとともにお下劣なサイエンス・ショーを盛りあげ、脱糞するほど笑いころげたひとときは最高だった。みんな、愛してるよ！

えっ、『おならのサイエンス』？　タイトルを二度見して、思わず手に取ってしまったあなた。ようこそ、尻からはじまる飽くなき探求の世界へ。本書はおならについて様々な切り口で語っていく、これまでにない（たぶん）内容の書籍となっている。おならが出るメカニズムを解説し、おならの不遇さを憂い、おならのガスを分析し、おならを増やすレシピを紹介し……と、よくもまあ、これだけ書けるものだと驚いてしまうが、著者のおならへの情熱には敬意を表したいものである。

逆に、よく書いてくれた！　とも言いたい。だって、どんなに品のいい人々だって、おならはするではないか。そして、あのニオイつきのガスをどう扱うか、誰もが失敗を経験しながら学んできたに違いない。みんな口には出さないけれど、〝おならの出し方〟は勉強や生活習慣と同じように、社会に出るまでに誰もが身につけているはず。いや、もう少し早いか。小学校の入学式だって、新一年生がブーブーやっているなんてことはない。おそらく。ということは、就学前に身についているということだ。よく考えてみると、これはすごいことだ。音を出さずにおならしたり、ニオイが散るように歩きながらしたりといったスキルは、親から教わらなくとも私たちは身につけているのである。まあ、教える親もいるかもしれないけれど。とにかく、私たちにもっとも身近なものと言えるおならを、徹底的に語り尽くしているのが本書なのである。

さて、元号が変わり新たな時代を迎えた世の中であるが、特に昭和生まれの読者であれば、おならの本といえば『へっこきあねさがよめにきて』をご存じではないだろうか。『へっこきよめさ』『へっこきよめさん』など、色々なタイトルで絵本が出ている物語だが、もともとは越後の民話ということらしい。子どものころは笑いながら読んだものだが、大人になって見てみると、嫁に来た若い女性がおならで姑を吹き飛ばすという、なかなかものすごい内容である。最後は丸く収まるので、ほっとするが。

おならの本と言えば、このような絵本か、〝腸を大掃除しよう！〟といった健康系の書籍（ここではおならは悪者扱い？）が目立つ中で、おならを前向きに、微に入り細を穿ち語り尽くし、賛美するという本書は異色の存在であることは間違いない。ぜひとも、めくるめくおならワールドを心ゆくまで楽しんでいただきたい。

著者のステファン・ゲイツは、イギリスのＴＶ司会者・ジャーナリストであり、ステージ・パフォーマーとしても活躍している。ペンブルック・カレッジ卒。『Cooking in the Danger Zone』という、秘境へ行ってゲテモノ食いをする番組で人気を博し、同番組は複数の賞を受賞。

また、YouTubeの〈Gastronaut TV〉チャンネルにおいて、著者は様々な動画を放送している。〝おなら製造マシン〟や〝巨大括約筋〟の映像も観ることができ、他にもアイロンの上で目玉焼きを焼くなど、様々なチャレンジをしている。ぜひ一度ご覧いただきたい。暇があれば。

本書の翻訳にあたり、柏書房の山崎様をはじめ、関係者の皆様には多大なお力添えをいただいた。この場を借りてお礼申し上げたい。

二〇一九年四月吉日　関　麻衣子

た

な

は

ま

や

ら

索引

著者　ステファン・ゲイツ

イギリスのTV司会者、フード・ジャーナリスト、パフォーマー。ペンブルック・カレッジ卒。『Cooking in the Danger Zone』という、秘境へ行っていわゆるゲテモノ食いをする番組で人気を博し、同番組は複数の賞を獲っている。食に関する著書も複数発表しており、『Gastronaut』『Incredible Edibles』『In The Danger Zone』（いずれも未邦訳）などがある。YouTubeにて〈Gastronaut TV〉チャンネルなど、様々な動画を放送している（https://www.youtube.com/watch?v=MNuDc4QJ7RE）。

訳者　関　麻衣子（せき・まいこ）

千葉県生まれ。青山学院大学文学部卒。法律事務所勤務を経て英日翻訳者に。主な訳書に『大谷翔平　二刀流の軌跡』ジェイ・パリス（辰巳出版）、『完全記憶探偵』シリーズ、デイヴィッド・バルダッチ（竹書房）、『リオネル・メッシ(MESSIGRAPHICA)』サンジーヴ・シェティ（東洋館出版社）など。

おならのサイエンス

2019年6月10日　第1刷発行

著　者　ステファン・ゲイツ

訳　者　関　麻衣子

発行者　富澤　凡子

発行所　柏書房株式会社
東京都文京区本郷2-15-13（〒113-0033）
電話（03）3830-1891［営業］
（03）3830-1894［編集］

装　丁　徳永裕美（ISSHIKI）

組　版　ISSHIKI

印　刷　壮光舎印刷株式会社

製　本　株式会社ブックアート

©Maiko Seki 2019, Printed in Japan
ISBN978-4-7601-5108-0